Aparna Unni
Harpreet Kaur Channi

Previsão da energia solar através da inteligência artificial

Aparna Unni
Harpreet Kaur Channi

Previsão da energia solar através da inteligência artificial

ScienciaScripts

Cover image: www.ingimage.com

This book is a translation from the original published under ISBN 978-620-8-22248-2.

Publisher:
Sciencia Scripts
is a trademark of
Dodo Books Indian Ocean Ltd. and OmniScriptum S.R.L publishing group

120 High Road, East Finchley, London, N2 9ED, United Kingdom
Str. Armeneasca 28/1, office 1, Chisinau MD-2012, Republic of Moldova, Europe
Printed at: see last page
ISBN: 978-620-8-36022-1

Previsão da energia solar através da inteligência artificial

[1]Aparna Unni, [2] Harpreet Kaur Channi,

[1,2]Departamento de Engenharia Eléctrica, Universidade de Chandigarh

[2]Universidade de Investigação Eudoxia, New Castle, EUA

[1]appumunni14@gmail.com , [2]harpreetchanni@yahoo.in

Resumo: A energia solar é uma forma de energia renovável muito promissora, com capacidade para satisfazer uma parte substancial das necessidades energéticas mundiais. No entanto, o carácter esporádico das fontes de energia renováveis, causado por variáveis como os padrões climáticos e a hora do dia, apresenta obstáculos à produção consistente de energia e à sua integração no sistema elétrico. Para fazer face a estas dificuldades, este estudo propõe um método inovador que utiliza abordagens de visão computacional e de inteligência artificial para prever e melhorar a produção de energia solar. A informação inicial sobre o clima, a radiação solar orientada e o funcionamento do carregador solar é recolhida de várias fontes. Os cálculos de visão por computador utilizam informações de satélite ou imagens terrestres para remover a cobertura nublada, o desenvolvimento e outras qualidades climáticas. A hora do dia e a estação do ano são adicionadas à informação visual para fornecer um conjunto de dados completo. O conjunto de dados treina estruturas de IA para avaliar a irradiância solar e a criação de energia. Máquinas de vectores de suporte, madeiras arbitrárias e redes cerebrais profundas são experimentadas para expectativas de rendimento de energia solar em várias condições. Os cálculos de melhoria mudam poderosamente os pontos de inclinação do carregador alimentado pela luz solar e o uso de armazenamento de energia em vista da luz solar projetada para aumentar a produção de energia orientada para a energia solar. As estruturas de controlo permitem que os modelos de presciência e a racionalização sejam perfeitamente coordenados em projectos de energia solar orientada, desde a produção doméstica até à escala de serviços públicos.

Palavras-chave: Energia solar,Visão computacional,Inteligência artificial,Previsão,Otimização

Índice

1. Introdução

Com o mundo a enfrentar dificuldades crescentes devido às alterações ambientais e ao esgotamento das reservas de derivados do petróleo, a procura de fontes de energia sustentáveis tornou-se mais extrema nos últimos tempos. A quantidade e a abertura da energia solar fazem dela uma das opções de energia sustentável mais encorajadoras. O carácter esporádico e irregular da energia solar, seja como for, torna a sua receção em massa um desafio inegável. Para avaliar e aumentar o rendimento da energia solar, estão a ser utilizadas inovações de ponta, como a visão por computador e o conhecimento da máquina [1]. Ao utilizar cálculos de ponta para aumentar o rendimento da energia solar, é possível prever a energia solar utilizando a visão por computador e o conhecimento da máquina. A expetativa de criação de energia baseada na luz solar de elevada precisão é conseguida por esta inovação através da utilização de modelos de IA relacionados com estratégias de visão por PC, como o tratamento de imagens e o reconhecimento de exemplos.

Para começar, a neblina, a ocultação e outros componentes ecológicos que influenciam a irradiação solar são avaliados por cálculos de visão de PC utilizando imagens de satélite, fotografias elevadas ou filmes captados por câmaras terrestres. A criação de energia orientada para o sol a curto e médio prazo é então antecipada por cálculos de IA utilizando esta informação. Para aumentar a sua precisão a longo prazo, estes modelos obtêm e mudam continuamente de acordo com a informação sobre a criação de energia baseada na luz solar e os padrões das condições climatéricas passadas. Para melhorar a produtividade e diminuir o desperdício, os cálculos de racionalização também fazem alterações de acordo com o ponto de inclinação, a direção e a acumulação de energia em estruturas de energia orientadas para o sol, tendo em vista o rendimento energético esperado. Com a ajuda desta metodologia amplamente inclusiva, o resultado energético pode ser inequivocamente planeado, o que funciona com a matriz da placa e a junção de fontes de energia amigas do ambiente na fundação eléctrica de fluxo. Tendo em conta a visão do PC e o conhecimento da máquina, a expetativa de energia orientada para o sol trabalha na capacidade de gestão, proficiência e fiabilidade da criação de energia baseada no sol, mudando subsequentemente a indústria de energia sustentável.

Para combater as alterações ambientais e fazer avançar os acontecimentos práticos, as fontes de energia sustentáveis estão a tornar-se cada vez mais importantes no clima energético mundial em rápida mudança. Dada a sua acessibilidade e o seu reduzido efeito sobre o clima, a energia baseada na luz solar tem especificamente um enorme potencial. A gestão da segurança da matriz e a organização da energia tornam-se mais problemáticas devido à ideia descontínua do rendimento energético baseado na luz solar. A utilização de métodos de antecipação exactos para medir a criação de energia a partir da luz solar é importante para resolver este problema. A precisão e a adaptabilidade das estratégias habituais podem ser limitadas, uma vez que dependem frequentemente de modelos numéricos e de informações meteorológicas. É possível desenvolver ainda mais a expetativa de energia baseada na luz solar, envolvendo os mais recentes avanços na visão por computador e na inteligência artificial. Este exame utiliza a visão por computador e formas de IA para lidar com a criação de uma base sólida para a previsão da criação de energia com base na luz solar. O nosso objetivo é dar às previsões exactas um nível sério de precisão mundial e geológica, utilizando informações das condições meteorológicas, fotografias de satélite e execuções anteriores. Além disso, ao coordenar os modelos de previsão com os quadros de energia e os avanços da rede inteligente, o objetivo é desenvolver a proficiência da criação de energia com base na luz solar [2]. A Tabela 1 apresenta um exame de estruturas complexas adicionais que utilizam a visão de PC e o conhecimento da máquina com técnicas habituais adicionais para a expetativa de energia baseada no sol. Para melhorar a criação de energia solar em numerosas aplicações, a última opção torna-se cada vez mais significativa devido à sua superior exatidão, versatilidade e capacidade de combinação.

Tabela 1. Comparação dos métodos tradicionais e actuais

Tecnologia	**Métodos tradicionais**	**Métodos de visão por computador e de inteligência artificial**
Fontes de dados	Dados meteorológicos históricos, especificações do painel solar, localização geográfica	Inclusão adicional de imagens de satélite, fotografias aéreas e dados de sensores IoT
Extração de caraterísticas	Seleção manual de caraterísticas relevantes com base no conhecimento do domínio	Extração automatizada de caraterísticas com recurso a algoritmos de visão computacional para deteção, segmentação e caraterização de painéis solares
Técnicas de modelação	Métodos estatísticos como a análise de regressão, a previsão de séries cronológicas	Algoritmos de aprendizagem automática, incluindo redes neuronais, florestas aleatórias e

		máquinas vectoriais de apoio treinadas em conjuntos de dados extensos
Precisão da previsão	Exatidão moderada, limitada por modelos simplistas e dependência de dados históricos	Maior precisão devido à incorporação de diversas fontes de dados e algoritmos mais sofisticados capazes de captar relações complexas
Estratégias de otimização	Otimização básica baseada em parâmetros fixos como a inclinação e orientação do painel	Algoritmos de otimização dinâmica que ajustam os parâmetros em tempo real com base nas previsões meteorológicas e nas condições ambientais
Escalabilidade	Escalabilidade limitada, condicionada pelo processamento manual de dados e pela complexidade do modelo	Melhoria da escalabilidade através da automatização e utilização de recursos de computação em nuvem para processamento de dados em grande escala e formação de modelos
Integração	Integração limitada com os sistemas de gestão de energia existentes	Integração perfeita com plataformas IoT e sistemas de gestão de energia, permitindo a monitorização e o controlo em tempo real
Interface do utilizador	Interfaces básicas com capacidades de visualização limitadas	Interfaces de fácil utilização com funcionalidades interactivas para visualização de previsões, estratégias de otimização e métricas de desempenho

Começando com uma clarificação exaustiva das dificuldades actuais na medição de energia orientada para o sol, o documento prossegue para legitimar a utilização da visão por computador e o conhecimento da máquina aproxima-se. Os dados sobre as fontes de informação, os procedimentos de extração de realces e os cálculos de IA utilizados são apresentados no segmento de abordagem. Os segmentos seguintes fornecem um registo completo das descobertas, incluindo medidas de aprovação e exames relativos, dos nossos modelos de previsão. Os resultados da estratégia e da base de energia, bem como os usos realistas, são examinados adicionalmente. Por fim, o relatório avalia os resultados potenciais das nossas descobertas na melhoria da incorporação de energia orientada para o sol e propõe novas linhas de pedido [3].

O domínio da demonstração e expetativa de energia baseada na luz solar enfrenta vários obstáculos. Para preparar modelos de aprendizagem profundos, é fundamental abordar conjuntos de dados deslocados e de primeira qualidade que incorporem fotografias de coberturas nubladas e medições sobre a criação de energia com base na luz solar. Os exemplos confusos e em constante mudança de elementos de nuvens confundem ainda mais as coisas, tornando as projecções precisas um teste impressionante. É importante, embora não sem o seu próprio conjunto de dificuldades, garantir que os modelos preparados se ajustem bem a diferentes áreas geológicas e circunstâncias meteorológicas. Gerir a complexidade das colaborações entre componentes meteorológicas na criação de modelos é mais uma questão fundamental, tal como a obtenção de conjuntos de dados nomeados para a preparação de IA e a compreensão da informação visual. Questões importantes, mas problemáticas, incluem a versatilidade dos modelos e a sua adaptabilidade a vários contextos. Poderá ser difícil obter conjuntos de dados completos com qualidades significativas, o que torna a qualidade da informação uma questão universal. Isto torna difícil o planeamento e a compreensão dos modelos. A mudança de limites apresenta igualmente uma complexidade computacional, que pode causar um sobreajuste - especialmente com modelos confusos e enormes conjuntos de dados. O poder baseado no sol tem problemas críticos no espaço de interpretabilidade do modelo de inteligência simulada, restrições administrativas e capacidade especializada na aplicação de inteligência baseada em computador e arranjos de ML.

Para prever e desenvolver ainda mais a produção de energia com base na luz solar, o objetivo desta secção é construir uma estrutura total que utilize a inovação mais avançada. A inovação pode reconhecer com precisão as posições e os desenhos dos carregadores alimentados pelo sol em fotografias de satélite ou imagens de voo, identificando-os e dissecando-os utilizando técnicas de visão por PC. Depois, utilizaremos cálculos de IA para calcular o rendimento energético baseado no sol, de acordo com factores como o clima, as especificações do carregador solar e a geologia próxima. Para melhorar o rendimento energético, serão utilizados cálculos de avanço para alterar factores, por exemplo, a direção da placa e os pontos de inclinação [4]. Conforme delineado na figura 1, a estrutura da empresa provavelmente ajudará vários grupos incluídos - como administradores de energia baseada na luz solar, administradores de rede, financiadores, funcionários e compradores - a fazer melhores escolhas, fornecendo-lhes previsões exatas e procedimentos de melhoria. Um esboço da energia solar, incluindo as suas ideias e problemas, é essencial para a estrutura da peça. A previsão e a racionalização são examinadas por dentro e por fora. A previsão da energia solar é investigada utilizando a visão do PC e modelos de raciocínio artificiais, seguindo-se as técnicas de melhoramento. Discute-se a forma de coordenar diferentes inovações com o objetivo de podermos analisar e acompanhar a execução. Os estudos de caso mostram aplicações práticas. As direcções e desafios futuros são delineados antes de concluir com as principais conclusões e recomendações para investigação futura. Esta estrutura abrangente aborda várias facetas da produção de energia solar, desde os fundamentos teóricos até às implementações práticas, preparando o terreno para futuros avanços neste domínio.

Figura 1 Âmbito do capítulo

1.2 Produção de energia solar: Visão geral e desafios

A energia solar é vital para a transição mundial das energias renováveis e para a substituição dos combustíveis fósseis. A espontaneidade limita a adoção e a integração da rede eléctrica. A produção de energia solar e a gestão da rede dependem das condições climatéricas, da localização e da luz solar. A irradiação solar, as nuvens, a geografia e as oscilações sazonais desafiam as estimativas de produção de energia solar. Modelos simples e dados meteorológicos podem não ser precisos para o planeamento energético. As variações na produção solar podem reduzir a eficiência da rede, a utilização de energia de reserva e o lucro do operador solar. Estas dificuldades exigem modelos de previsão avançados que utilizem a visão por computador e a aprendizagem automática para examinar grandes conjuntos de dados e tirar conclusões. O consumo de energia, a resiliência do sistema e a transição energética sustentável podem beneficiar de estimativas mais elevadas da energia solar [5]. O sol fornece eletricidade e calor para muitas utilizações. PV e solar térmico. Os sistemas fotovoltaicos utilizam semicondutores, geralmente células solares à base de silício, para converter diretamente a luz solar em energia. A energia provém dos electrões do semicondutor na luz solar. Os espelhos ou lentes focam a luz solar num recetor para aquecer água ou sal fundido em vapor ou ar quente em sistemas solares térmicos. Utilizar a energia térmica para alimentar turbinas ou aquecer casas e empresas. Os sistemas fotovoltaicos e solares térmicos reduzem as emissões de carbono e ajudam o ambiente. A energia solar enfrenta vários desafios à sua adoção generalizada e à integração dos sistemas energéticos. O clima e a luz do sol alteram a produção de energia solar, diminuindo a estabilidade. Os projectos de energia solar à escala da utilidade pública necessitam de grandes extensões de terreno, o que pode causar disputas sobre a utilização do terreno, problemas ambientais e perda de habitat. Os sistemas fotovoltaicos são caros no início, apesar da descida dos preços. O custo e a disponibilidade das baterias dificultam o armazenamento de energia solar a baixa exposição solar. Os obstáculos jurídicos e legislativos, incluindo incentivos e autorizações contraditórios, podem dificultar o lançamento de projectos solares. Para otimizar a energia solar, é necessário melhorar o armazenamento, a integração na rede, a redução dos custos e a legislação aplicável. Estimativas exactas da energia solar ajudam os gestores da rede a equilibrar a oferta e a procura de energia. A previsão da irradiância solar e dos padrões de produção pode melhorar a implantação e o funcionamento da infraestrutura solar, reduzindo o desperdício e aumentando a produção de energia. As empresas de energia solar beneficiam do comércio e das previsões de energia. As tecnologias de redes inteligentes e os algoritmos de controlo melhorados podem incorporar a eletricidade solar nas redes de energia, melhorando a estabilidade do sistema e reduzindo o consumo de combustíveis fósseis. A previsão e a otimização ajudam as partes interessadas a otimizar o potencial da energia solar, acelerando a transição para as energias renováveis, reduzindo o impacto ambiental e garantindo a segurança energética [5].

2. Revisão da literatura

A observação da Terra (EO) é um instrumento privilegiado para monitorizar os processos terrestres e oceânicos, estudar a dinâmica em ação e tomar o pulso ao planeta. Tuia et al., 2023 cobriram o impacto de (i) visão computacional; (ii) aprendizagem automática; (iii) processamento e computação avançados; (iv) IA baseada no conhecimento; (v) IA explicável e inferência causal; (vi) modelos conscientes da física; (vii) abordagens centradas no utilizador; e (viii) a discussão muito necessária de questões éticas e sociais relacionadas com a utilização maciça de tecnologias de aprendizagem automática na OE. Os objectivos destes estudos e da normalização do 3GPP consistem em reduzir o consumo de energia no equipamento do utilizador (UE) e a sobrecarga do sinal de referência (RS), que são atualmente necessários para medições frequentes do feixe devido à rotação e mobilidade do UE [6]. Para atingir esses objectivos, Li et al., 2023 investigaram algoritmos baseados em IA/ML que facilitam a previsão de feixes TD adequados para a gestão avançada de feixes 5G (BM), incluindo a previsão da potência de receção RS (RSRP) e a previsão da mudança de feixe. Paralelamente, os avanços sem precedentes na aprendizagem automática facilitam, através da sinergia da inteligência artificial e da patologia digital, a possibilidade de diagnóstico com base na análise de imagens, anteriormente limitada apenas a determinadas especialidades. A integração de imagens digitais no estudo da patologia, combinada com algoritmos avançados e técnicas de diagnóstico assistidas por computador, alarga os limites da visão do patologista para além da imagem microscópica e permite ao especialista utilizar e integrar adequadamente os seus conhecimentos e experiência [7]. Moscalu et al., 2023 realizaram uma pesquisa na PubMed sobre o tema da patologia digital e suas aplicações, para quantificar o estado atual dos conhecimentos. Paralelamente, os avanços sem precedentes na aprendizagem automática facilitam, através da sinergia da inteligência artificial e da patologia digital, a possibilidade de diagnóstico com base na análise de imagens, anteriormente limitada apenas a determinadas especialidades. A integração de imagens digitais no estudo da patologia, combinada com algoritmos avançados e técnicas de diagnóstico assistido por computador, alarga os limites da visão do patologista para além da imagem microscópica e permite ao especialista utilizar e integrar adequadamente os seus conhecimentos e experiência [8]. Waqas et al., 2023 apresentaram uma breve panorâmica dos recentes avanços na patologia computacional possibilitados pela IA específica de tarefas, os seus desafios e limitações e, em seguida, introduziram vários modelos de base [9]. Propuseram a criação de uma IA generativa específica da patologia, baseada em modelos de base multimodais, e apresentaram o seu papel potencialmente transformador na patologia digital. A utilização de técnicas de inteligência artificial com técnicas avançadas de visão por computador oferece um grande potencial para avaliações não invasivas do estado de saúde na indústria avícola. Foi explorada uma série de algoritmos de aprendizagem automática, incluindo diferentes arquitecturas de aprendizagem profunda, e, com base nos resultados obtidos, Nakrosis et al., 2023 propuseram uma solução abrangente, combinando diferentes modelos para efeitos de segmentação e classificação. As técnicas de inteligência artificial e de aprendizagem automática progrediram drasticamente e tornaram-se ferramentas poderosas necessárias para resolver tarefas complicadas, como a visão computacional, o reconhecimento da fala e o processamento de linguagem natural [10]. Ashayeri et al., 2024 discutiram a utilização de IA treinada em imagens da retina de doentes com DA. A IA e a visão artificial podem detetar e utilizar estas alterações nos domínios da previsão, diagnóstico e prognóstico de doenças. As redes neuronais convolucionais (CNN) são modelos de aprendizagem automática que se revelaram bem sucedidos em muitas tarefas de visão computacional, tendo sido anteriormente aplicadas à filtragem de micrografias criogénicas [11]. Xu et al., 2024 demonstraram que duas estratégias, o ajuste fino de modelos a partir de pesos pré-treinados e a inclusão do espetro de potência das micrografias como entrada, podem melhorar consideravelmente a precisão de previsão atingível dos modelos CNN [12].

2.1 Motivação do trabalho

A crescente necessidade mundial de soluções energéticas sustentáveis e a importância da energia solar na atenuação das alterações climáticas e na redução da utilização de combustíveis fósseis motivam o nosso esforço. Apesar do seu enorme potencial, a idade da energia baseada na luz solar é errática e influenciada por elementos como, por exemplo, o céu encoberto e o frio. A avaliação da criação de energia baseada na luz solar utilizando técnicas comuns é ineficaz e errónea. O melhoramento e a estimativa da energia solar são ambos melhorados pela utilização da visão do PC e da capacidade intelectual do homem. Utilizando estratégias de ponta dos dois campos, como a investigação de imagens para localização de cobertura nublada e métodos de IA para demonstração presciente, pretendemos atualizar as projecções de irradiância solar e a produção de energia. Devido à abertura e razoabilidade da inovação fotovoltaica orientada para o sol, a quantidade de estabelecimentos baseados no sol tornou-se em todo o mundo. Estes estabelecimentos vão desde os telhados de casas particulares até aos ranchos orientados para o sol à escala dos serviços públicos. Para resolver o quadro, aumentar a criação de energia e limitar os custos, estes estabelecimentos devem ser alterados. Num esforço para fazer avançar a energia orientada para o sol como uma fonte de energia sustentável fiável e proficiente e atualizar os acordos de energia sustentável, esta tentativa lida com estas questões. Para as pessoas no futuro, o nosso exame tenta apressar a receção de um quadro energético que seja menos destrutivo para o clima e mais manejável.

2.2 Objectivos do trabalho

- Obter informações meteorológicas anteriores, medições de radiação solar e dados de desempenho de painéis solares de várias fontes e prepará-los para exame.
- Utilizar algoritmos de visão computorizada para examinar fotografias de satélite ou terrestres, a fim de seguir a cobertura de nuvens e outras condições ambientais que têm um impacto na produção de energia solar em tempo real.
- Integrar os modelos e algoritmos criados com os actuais sistemas de controlo das instalações de energia solar para permitir uma implementação sem problemas e modificações em tempo real para obter a melhor produção de energia possível.

3. Técnicas de visão por computador para a previsão da energia solar

As técnicas de visão por computador estão a revolucionar a previsão da energia solar, aproveitando o poder das imagens de satélite para avaliar e interpretar vários factores atmosféricos que influenciam a irradiação solar, fornecendo assim previsões mais precisas da produção de energia solar. Esta transformação é impulsionada pelos sofisticados algoritmos de processamento de imagem empregues na visão por computador, que são concebidos para analisar dados visuais com uma precisão notável. Estes algoritmos examinam as imagens de satélite para discernir elementos cruciais como a cobertura de nuvens, a sombra e a posição do sol - factores que têm um impacto significativo na quantidade de energia solar que atinge a superfície da Terra.

As imagens de satélite fornecem uma visão abrangente de grandes áreas geográficas, permitindo a avaliação das condições atmosféricas a uma escala alargada. Os algoritmos de visão por computador processam estas imagens para detetar e interpretar várias caraterísticas, incluindo as formações de nuvens e os seus padrões de movimento. Ao analisar a posição e o movimento das nuvens, os sistemas de visão por computador podem estimar a forma como a cobertura de nuvens afectará a irradiação solar ao longo do tempo. Esta avaliação em tempo real das condições atmosféricas permite uma determinação mais exacta da quantidade de luz solar que chegará aos painéis solares num determinado local. Por exemplo, se uma imagem de satélite revelar uma densa cobertura de nuvens que se aproxima de um parque solar, o sistema pode prever uma redução temporária na produção de energia solar, fornecendo informações valiosas para a gestão de energia.

Além disso, as técnicas de visão por computador facilitam a identificação dos efeitos de sombreamento causados por estruturas ou vegetação circundantes. Ao analisar as sombras projectadas por estas obstruções, os sistemas de visão por computador podem prever como o sombreamento irá variar ao longo do dia e ao longo das estações. Esta análise detalhada é crucial para otimizar a colocação e orientação dos painéis solares. Os painéis posicionados em áreas com o mínimo de sombreamento terão provavelmente um melhor desempenho, levando a uma maior produção de energia. Ao incorporar dados de sombreamento nos modelos de previsão, as partes interessadas podem tomar decisões informadas sobre a configuração óptima da infraestrutura solar.

Para aumentar ainda mais a precisão das previsões de energia solar, os resultados da visão computacional são integrados com modelos de aprendizagem automática que utilizam dados históricos. Estes modelos são treinados para reconhecer padrões complexos e correlações entre as condições atmosféricas observadas e a produção de energia solar. Por exemplo, os algoritmos de aprendizagem automática podem analisar dados passados para identificar como formações de nuvens específicas ou padrões atmosféricos têm afetado historicamente os níveis de irradiância solar. Ao aplicar estes padrões aprendidos a imagens de satélite actuais, os modelos podem fornecer previsões refinadas de futuros níveis de irradiância solar.

A integração da visão computacional com modelos de aprendizagem automática permite um elevado grau de precisão nas previsões de energia solar. Estes modelos de previsão aproveitam os dados meteorológicos históricos, as medições da irradiância solar e as imagens de satélite em tempo real para prever a produção de energia solar com maior granularidade. Como resultado, as previsões de energia solar não são apenas mais exactas, mas também mais resolvidas geograficamente. Esta resolução melhorada permite previsões mais localizadas, que são essenciais para otimizar a colocação de painéis solares e melhorar o desempenho geral do sistema.

A previsão exacta da energia solar é fundamental para o planeamento e funcionamento eficientes da infraestrutura solar. Ao fornecer estimativas exactas da disponibilidade de energia solar, estas técnicas avançadas de previsão permitem uma implantação mais eficaz dos painéis solares. Por exemplo, as previsões exactas podem orientar a colocação de painéis solares em áreas que recebem mais luz solar, maximizando assim a produção de energia. Além disso, a previsão precisa ajuda na gestão dos recursos energéticos, prevendo quando a produção solar será alta ou baixa, permitindo uma melhor integração com a rede energética mais alargada.

Além disso, a capacidade de prever a produção de energia solar com elevada precisão contribui para o desenvolvimento de soluções energéticas sustentáveis. Ao otimizar a utilização dos recursos solares, as partes interessadas podem reduzir a dependência dos combustíveis fósseis e minimizar o impacto ambiental da produção de energia. As previsões melhoradas da energia solar apoiam a integração das energias renováveis na rede, facilitando uma transição mais suave para sistemas energéticos sustentáveis.

A integração da visão computacional com a modelação preditiva representa um avanço significativo na previsão da energia solar. Ao aproveitar as imagens de satélite e os algoritmos avançados de processamento de imagem, as técnicas de visão computacional fornecem informações valiosas sobre as condições atmosféricas e o seu impacto na irradiância solar. A combinação de avaliações em tempo real com dados históricos e modelos de aprendizagem automática resulta em previsões de energia solar mais exactas e geograficamente detalhadas. Esta capacidade de previsão melhorada é crucial para otimizar a infraestrutura solar, gerir os recursos energéticos e fazer avançar o desenvolvimento de soluções energéticas sustentáveis.

A evolução contínua destas tecnologias promete melhorar ainda mais a eficiência e a eficácia dos sistemas de energia solar, contribuindo para um futuro energético mais sustentável e fiável.

3.1 Análise de imagens de satélite

A previsão da energia solar através da utilização de visão computacional e de imagens de satélite representa um avanço fundamental na otimização da produção de energia solar. As imagens de satélite de alta resolução fornecem uma visão extensa e detalhada dos factores que afectam a irradiação solar, o que é essencial para previsões precisas da produção de energia solar. O processo começa com a captura de dados visuais detalhados dos satélites, que são depois analisados por algoritmos de visão por computador. Estes algoritmos são concebidos para extrair e interpretar informações cruciais das imagens, tais como a cobertura de nuvens, os padrões de sombreamento e a orientação dos painéis solares. Técnicas avançadas de processamento visual permitem que estes algoritmos categorizem vários tipos de nuvens, avaliem a sua densidade e prevejam os seus movimentos, todos eles fundamentais para determinar a quantidade de energia solar que pode ser aproveitada num determinado momento.
Uma das principais aplicações da visão computacional na previsão da energia solar é a análise da cobertura de nuvens. As nuvens têm um impacto significativo na irradiância solar, bloqueando a luz do sol e criando variabilidade na produção de energia. Os algoritmos de visão computacional analisam imagens de satélite para detetar e categorizar diferentes tipos de nuvens, sua cobertura e seus padrões de movimento. Ao compreender estes factores, os algoritmos podem prever como a cobertura de nuvens irá mudar ao longo do tempo e como irá afetar a irradiância solar. Esta capacidade de previsão dinâmica permite previsões mais exactas da produção de energia solar e uma melhor gestão dos recursos energéticos.
Para além da cobertura de nuvens, as técnicas de visão por computador também avaliam os padrões de sombreamento causados por vários factores ambientais. O sombreamento pode resultar de estruturas próximas, vegetação ou caraterísticas topográficas que obstruem a luz solar. Através da análise de imagens de satélite, os algoritmos de visão por computador podem identificar áreas de potencial sombreamento e avaliar o impacto que estes factores terão na exposição dos painéis solares. Esta compreensão abrangente dos padrões de sombreamento ajuda a otimizar a colocação e orientação dos painéis solares para minimizar os efeitos de sombreamento e maximizar a produção de energia.

Além disso, a análise das imagens de satélite estende-se à avaliação da vegetação e das caraterísticas topográficas que influenciam os níveis de irradiação solar. A vegetação, como as árvores e as culturas, pode projetar sombras e reduzir a quantidade de luz solar que chega aos painéis solares. As caraterísticas topográficas, como colinas e vales, também podem afetar a exposição à luz solar, alterando o ângulo e a intensidade da luz solar. Os algoritmos de visão por computador analisam estes elementos geográficos para fornecer uma imagem completa do seu impacto na produção de energia solar. Esta análise detalhada permite uma seleção mais precisa do local e a conceção do sistema, garantindo que os painéis solares são instalados em locais que recebem uma exposição solar óptima.

Os modelos de aprendizagem automática desempenham um papel crucial no aperfeiçoamento das previsões de energia solar, tirando partido dos dados de satélite marcados. Estes modelos são treinados em imagens de satélite históricas e actuais para reconhecer padrões e correlações que afectam a irradiação solar. Ao analisar um grande conjunto de dados de imagens marcadas, os algoritmos de aprendizagem automática aprendem a identificar tendências e a fazer previsões mais exactas. Por exemplo, estes modelos podem reconhecer padrões na cobertura de nuvens e correlacioná-los com dados históricos de energia solar para prever a produção futura de energia com maior precisão. A integração de informações espacialmente específicas destes modelos aumenta a precisão das previsões de energia solar, permitindo que as partes interessadas tomem decisões informadas com base em previsões detalhadas e fiáveis.

A maior precisão na previsão da energia solar possibilitada pela visão computacional e pela aprendizagem automática tem implicações significativas para vários aspectos dos sistemas de energia solar. A seleção do local torna-se mais precisa, uma vez que as partes interessadas podem identificar locais com o maior potencial de produção de energia solar com base em análises detalhadas de satélite. A conceção do sistema também é optimizada, uma vez que os dados fornecem informações sobre as melhores configurações para os painéis solares e outros componentes do sistema. As práticas de gestão de energia são melhoradas, uma vez que as previsões precisas permitem um melhor planeamento e utilização dos recursos de energia solar.

A integração da visão computacional e da aprendizagem automática na previsão da energia solar representa um grande avanço no sector da energia solar. Ao utilizar imagens de satélite de alta resolução e técnicas analíticas avançadas, as partes interessadas podem obter previsões mais precisas e fiáveis da produção de energia solar. Esta capacidade de previsão melhorada conduz a uma seleção optimizada do local, à conceção do sistema e à gestão da energia, apoiando, em última análise, o objetivo mais vasto de promover soluções energéticas sustentáveis. A capacidade de tomar decisões baseadas em dados e análises detalhadas de satélite não só melhora a eficiência e a fiabilidade dos sistemas de energia solar, como também contribui para o crescimento e desenvolvimento do sector da energia solar. À medida que a tecnologia continua a evoluir, o potencial para previsões de energia solar ainda mais precisas e acionáveis conduzirá a novos avanços na procura de um futuro energético sustentável.

3.2 Processamento de dados meteorológicos

As técnicas de visão por computador estão a revolucionar cada vez mais a previsão da energia solar, tirando partido da análise detalhada dos dados meteorológicos. Esses métodos sofisticados aproveitam uma ampla gama de variáveis atmosféricas, como cobertura de nuvens, umidade, pressão do ar e temperatura, coletadas de uma série de estações meteorológicas e sensores de satélite. Ao empregar algoritmos avançados de processamento de imagem, a visão computacional pode interpretar eficazmente estes elementos meteorológicos, fornecendo uma compreensão abrangente e matizada das condições que influenciam a irradiância solar. Esta integração da visão por computador na análise meteorológica não só aumenta a precisão das previsões de energia solar, como também melhora significativamente a eficiência e a fiabilidade dos sistemas de energia solar.

Uma aplicação crítica da visão computacional neste contexto é a utilização de algoritmos de seguimento de movimentos para prever o movimento das nuvens. As nuvens desempenham um papel crucial na determinação da irradiância solar, uma vez que podem causar flutuações na exposição à luz solar. Os algoritmos de seguimento do movimento analisam sequências de imagens de satélite para detetar e seguir o movimento das nuvens ao longo do tempo. Ao compreender os padrões e as trajectórias das nuvens, estes algoritmos podem prever as posições futuras das nuvens, prevendo assim o seu impacto na irradiância solar. Esta capacidade de previsão é essencial para gerar previsões exactas a curto prazo, que são cruciais para a gestão eficaz da energia e a integração na rede.

Para além do seguimento de movimentos, os algoritmos de segmentação de nuvens são fundamentais para distinguir entre diferentes tipos de nuvens e condições de céu. Estes algoritmos classificam as imagens em categorias como céu nublado, parcialmente nublado ou limpo. Esta classificação é vital para compreender o grau de cobertura de nuvens e o seu impacto direto na produção de energia solar. Por exemplo, as condições de céu encoberto conduzem geralmente a uma redução da irradiância solar, enquanto o céu limpo resulta numa exposição máxima à luz solar. Ao segmentar e classificar com precisão a cobertura de nuvens, os algoritmos de visão por computador fornecem informações valiosas sobre a forma como a variação das condições do céu afectará a produção de energia solar.

A integração destas técnicas de visão por computador com modelos de aprendizagem automática aperfeiçoa ainda mais as previsões de energia solar. Os algoritmos de aprendizagem automática são treinados em dados meteorológicos históricos e na correspondente produção de energia solar para identificar padrões e correlações complexos. Estes modelos aprendem a reconhecer as relações entre factores meteorológicos - tais como alterações na cobertura de nuvens, níveis de humidade e pressão atmosférica - e variações na irradiância solar. Ao aplicar estes padrões aprendidos a dados meteorológicos em tempo real, os modelos de aprendizagem automática podem fornecer previsões mais precisas e dinâmicas da produção de energia solar. Esta capacidade de previsão melhorada permite ajustes em tempo real aos sistemas de energia solar e uma gestão mais eficaz dos recursos energéticos.

Além disso, a combinação de visão computacional e aprendizagem automática facilita a gestão adaptativa da energia, permitindo que os sistemas de energia solar respondam proactivamente às alterações das condições meteorológicas. Por exemplo, se o modelo de previsão prever um aumento da cobertura de nuvens, os operadores podem ajustar a orientação dos painéis solares ou otimizar o armazenamento de energia para mitigar potenciais quedas na produção de energia. Esta abordagem adaptativa garante que os sistemas de energia solar funcionam com a máxima eficiência, mesmo perante padrões climáticos imprevisíveis.

Os benefícios da integração da visão computacional com o processamento de dados meteorológicos estendem-se a vários intervenientes no sector da energia solar. Para os operadores de parques solares, as capacidades de previsão melhoradas traduzem-se numa melhor otimização da produção de energia e na atribuição de recursos. As previsões exactas permitem um melhor planeamento do armazenamento de energia e da distribuição da rede, reduzindo o impacto da variabilidade relacionada com o clima no fornecimento de energia. Além disso, uma previsão precisa ajuda a minimizar os riscos operacionais associados a alterações súbitas da irradiância solar, aumentando assim a fiabilidade global dos sistemas de energia solar.

Além disso, a capacidade de prever a produção de energia solar com maior precisão apoia o objetivo mais vasto do desenvolvimento energético sustentável. Ao maximizar a eficiência dos sistemas de energia solar, esta abordagem contribui para a redução da dependência de fontes de energia não renováveis e apoia a transição para uma infraestrutura energética mais sustentável. A otimização da produção de energia solar não só beneficia as instalações solares individuais, como também contribui para a estabilidade e resiliência da rede energética global.

A aplicação de técnicas de visão computacional a dados meteorológicos representa um avanço significativo na previsão da energia solar. Ao analisar o movimento das nuvens, classificar a cobertura de nuvens e integrar modelos de aprendizagem automática, esta abordagem aumenta a precisão e a fiabilidade das previsões de energia solar. A sinergia entre a visão computacional e o processamento de dados meteorológicos permite uma previsão mais precisa, uma gestão de energia adaptável e uma atribuição de recursos optimizada. Esta integração apoia o funcionamento eficiente dos sistemas de energia solar e contribui para o objetivo mais vasto de avançar com soluções de energia renováveis e sustentáveis. À medida que a tecnologia continua a evoluir, o potencial para previsões de energia solar ainda mais refinadas e acionáveis conduzirá a mais melhorias na eficiência e eficácia dos sistemas de energia solar.

3.3 Reconhecimento de padrões de irradiância solar

Os métodos de visão por computador estão a fazer avançar significativamente a previsão da energia solar, proporcionando um nível de detalhe e precisão sem precedentes na análise dos padrões de irradiação solar. Esta transformação é largamente impulsionada pelos algoritmos sofisticados empregues para processar e interpretar imagens de satélite e dados de sensores terrestres. Estas técnicas oferecem uma abordagem abrangente para compreender vários aspectos da irradiância solar, como a luz solar direta, a radiação difusa e os efeitos de sombreamento, que são fundamentais para otimizar os sistemas de energia solar.

No centro destes avanços está a capacidade dos algoritmos de visão por computador para processar imagens de satélite de alta resolução. Estes algoritmos são concebidos para detetar e analisar vários factores meteorológicos e ambientais que têm impacto na irradiância solar. Por exemplo, a visão por computador pode identificar a cobertura de nuvens e avaliar a sua densidade e distribuição. As nuvens são um fator significativo que afecta a produção de energia solar, uma vez que podem causar flutuações na exposição à luz solar. Ao analisar os padrões das nuvens e o seu movimento, a visão por computador fornece informações cruciais sobre potenciais reduções da irradiância solar. Esta análise ajuda a prever como as nuvens afectarão a produção de energia solar a curto e longo prazo, permitindo uma previsão mais precisa.

Para além da cobertura de nuvens, as técnicas de visão por computador também avaliam as condições atmosféricas, como a humidade e a pressão atmosférica, que influenciam a dispersão e a absorção da radiação solar. Estes factores atmosféricos podem alterar significativamente a quantidade de energia solar que atinge a superfície da Terra e a sua medição exacta é essencial para uma previsão precisa. Os algoritmos de visão por computador também podem analisar caraterísticas topográficas e efeitos de sombreamento causados por estruturas geográficas e artificiais. Compreender o impacto destes factores na irradiância solar ajuda a conceber sistemas de painéis solares que minimizam o sombreamento e maximizam a absorção de energia.

Os modelos de aprendizagem automática desempenham um papel crucial no aumento da precisão das previsões de energia solar, reconhecendo correlações espaciais e temporais complexas nos dados de irradiância. Estes modelos são treinados em extensos conjuntos de dados rotulados, que incluem dados históricos sobre padrões de irradiância solar e o seu impacto na produção de energia. Através desta formação, os algoritmos de aprendizagem automática aprendem a identificar relações e padrões complexos que não são imediatamente visíveis através de métodos analíticos tradicionais. Por exemplo, estes modelos podem detetar variações subtis nos padrões de irradiância que se correlacionam com diferentes condições meteorológicas ou alterações sazonais, melhorando a precisão das previsões de energia solar.

A integração da visão por computador com a aprendizagem automática permite uma compreensão mais granular e pormenorizada do potencial da energia solar. Esta capacidade de previsão avançada oferece vários benefícios aos intervenientes no sector da energia solar. Em primeiro lugar, facilita uma melhor conceção do sistema e seleção do local, fornecendo informações detalhadas sobre o potencial de irradiação solar de diferentes locais. Esta informação é crucial para otimizar a colocação e orientação dos painéis solares para maximizar a produção de energia. Além disso, uma previsão precisa permite estratégias de gestão de energia mais eficazes, incluindo a otimização do armazenamento de energia e a integração na rede.

A capacidade de previsão melhorada também apoia o objetivo mais amplo de transição para soluções energéticas renováveis e sustentáveis. Ao melhorar a eficiência e a fiabilidade da produção de energia solar, esta abordagem ajuda a reduzir a dependência das fontes de energia tradicionais e apoia os esforços de combate às alterações climáticas. As previsões exactas da energia solar permitem um melhor planeamento e gestão dos recursos energéticos, conduzindo a uma maior produção de energia e a uma utilização mais eficaz das energias renováveis.

Além disso, a capacidade de prever a produção de energia solar com maior exatidão tem implicações na dinâmica do mercado da energia. Permite uma previsão mais exacta do fornecimento de energia, o que pode contribuir para preços de energia mais estáveis e para uma melhor integração da energia solar na rede energética. Esta estabilidade é crucial para garantir um fornecimento fiável e consistente de energia renovável, o que, por sua vez, apoia o desenvolvimento de uma infraestrutura energética mais resiliente e sustentável.

As técnicas de visão por computador estão a revolucionar a previsão da energia solar, proporcionando um reconhecimento e análise detalhados dos padrões dos dados de irradiação solar. Ao utilizar métodos avançados de processamento de imagem e ao integrar estas técnicas com modelos de aprendizagem automática, os intervenientes no sector da energia solar podem obter previsões mais precisas e granulares do potencial de energia solar. Esta capacidade de previsão melhorada apoia a conceção optimizada do sistema, a seleção do local e as estratégias de gestão de energia, contribuindo, em última análise, para a utilização eficiente e sustentável dos recursos de energia solar. À medida que a tecnologia continua a avançar, a integração da visão computacional e da aprendizagem automática desempenhará um papel cada vez mais importante na condução do crescimento e do sucesso do sector da energia solar.

4. Modelos de inteligência artificial para a previsão da energia solar

No domínio da previsão de energia solar, a utilização de modelos de inteligência artificial tornou-se essencial para gerir a complexidade e a escala dos dados envolvidos. Estes modelos utilizam algoritmos sofisticados para processar conjuntos de dados extensos, incluindo dados meteorológicos, medições de irradiância solar e estatísticas de produção de energia, para fornecer previsões altamente exactas.

Modelos de aprendizagem automática e aprendizagem profunda:

1. **Algoritmos de aprendizagem automática:**

- **Modelos de regressão:** Estes são fundamentais na previsão da energia solar. A regressão linear ajuda a identificar as relações básicas entre a irradiância solar e a produção de energia, enquanto os modelos de regressão mais avançados, como as redes LSTM (Long Short-Term Memory) e GRUs (Gated Recurrent Units), são concebidos para lidar com as dependências temporais em dados de séries temporais. Estes modelos são hábeis na previsão com base em padrões e tendências históricas.

- **Métodos de conjunto:** Técnicas como Random Forests e Gradient Boosting Machines (GBMs) melhoram a precisão da previsão agregando previsões de vários modelos. As Random Forests reduzem o sobreajuste e a variância, enquanto as GBMs constroem modelos sequencialmente para corrigir erros de iterações anteriores.

- **Redes Neuronais:** As Redes Neuronais Convolucionais (CNN) são eficazes na extração de caraterísticas espaciais das imagens de satélite, enquanto as Redes Neuronais Recorrentes (RNN) captam as dependências temporais. Em conjunto, fornecem uma visão abrangente da forma como os factores espaciais e temporais afectam a irradiância solar e a produção de energia.

2. **Modelos híbridos:**

- Estes modelos combinam princípios físicos com conhecimentos de aprendizagem automática para resolver os enviesamentos inerentes aos modelos puramente estatísticos. Ao integrar o conhecimento do domínio sobre a geometria solar e a física atmosférica, os modelos híbridos aumentam a robustez e a fiabilidade das previsões. Utilizam abordagens baseadas em dados para complementar e aperfeiçoar os modelos físicos tradicionais, conduzindo a previsões mais exactas.

3. **Modelos de otimização:**

   - **Programação linear inteira mista (MILP):** Esta técnica é utilizada para lidar com restrições e objectivos complexos, como a maximização da produção de energia solar tendo em conta a estabilidade da rede e o armazenamento de energia.

   - **Algoritmos evolutivos:** Estes algoritmos optimizam os modelos de previsão e a conceção do sistema, imitando os processos de seleção natural para encontrar as melhores soluções em cenários complexos.

Previsão e apoio à decisão:

A integração destes modelos avançados facilita:

- **Precisão melhorada:** Ao combinar várias técnicas de previsão, as previsões tornam-se mais precisas. O cálculo da média e o empilhamento de modelos, por exemplo, agregam os pontos fortes de vários modelos para atenuar os pontos fracos individuais.

- **Adaptação em tempo real:** As previsões podem adaptar-se a novos dados em tempo real, fornecendo informações actualizadas para uma tomada de decisão imediata.

- **Planeamento abrangente:** A inclusão das previsões meteorológicas, da procura de energia e das restrições da rede nos modelos de otimização permite um planeamento e uma gestão holísticos. Isto ajuda a equilibrar a oferta com a procura, a gerir o armazenamento de energia e a garantir a fiabilidade da rede.

Para as partes interessadas no sector da energia solar, tais como planeadores de energia, gestores de redes e investidores, estes métodos avançados de previsão são fundamentais para otimizar a produção de energia solar. Permitem uma melhor seleção do local, conceção do sistema e estratégias de gestão da energia. Em última análise, ao melhorar a precisão e a fiabilidade das previsões de energia solar, esta abordagem apoia a transição para fontes de energia renováveis, melhora a estabilidade da rede e contribui para um futuro energético mais sustentável.

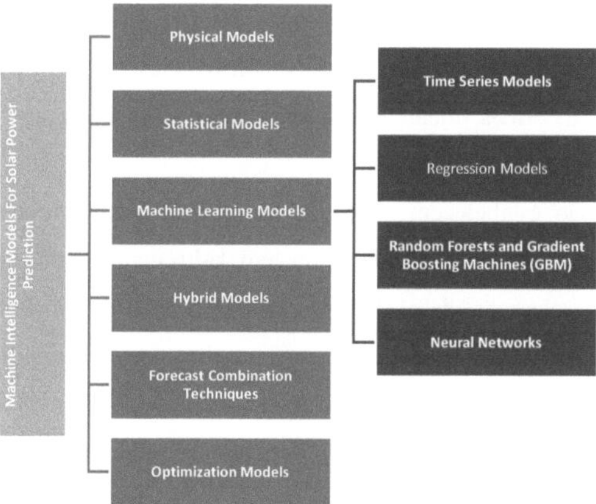

Figura 1. Modelos de inteligência artificial para previsão de energia solar

5. Algoritmos de aprendizagem automática para previsões

Os algoritmos de aprendizagem automática são fundamentais para aumentar a precisão e a fiabilidade das previsões de energia solar, fornecendo ferramentas sofisticadas para a previsão de energia. Estes algoritmos englobam uma variedade de técnicas, incluindo modelos de regressão, máquinas de vectores de suporte, florestas aleatórias e redes neuronais. Cada método foi concebido para lidar com conjuntos de dados complexos e extrair informações valiosas de dados meteorológicos históricos, medições de irradiância solar e registos de produção de energia.

Os modelos de regressão estabelecem relações fundamentais entre variáveis, enquanto as máquinas de vectores de suporte classificam e prevêem dados com elevada dimensionalidade. As florestas aleatórias agregam previsões de várias árvores de decisão para melhorar a precisão e reduzir o sobreajuste. As redes neuronais, incluindo arquitecturas de aprendizagem profunda, captam padrões complexos e dependências temporais em grandes conjuntos de dados.

Os modelos de aprendizagem automática podem adaptar-se aos dados em tempo real, ajustando as previsões com base nas condições ambientais actuais. Esta capacidade dinâmica permite o aperfeiçoamento contínuo das previsões através de uma aprendizagem e otimização iterativas.

Ao integrar a aprendizagem automática na previsão da energia solar, as partes interessadas podem melhorar a afetação de recursos, melhorar a estabilidade da rede e incorporar melhor as fontes de energia renováveis no cabaz energético. Esta abordagem apoia a tomada de decisões informadas, optimizando a produção de energia solar e contribuindo para uma infraestrutura energética mais sustentável e resiliente. À medida que estes modelos evoluem, promovem a transição para sistemas energéticos mais limpos e mais fiáveis.

5.1 Média Móvel Integrada Autoregressiva (ARIMA)

O modelo ARIMA (AutoRegressive Integrated Moving Average) é uma poderosa técnica de previsão de séries cronológicas amplamente utilizada para prever valores futuros com base em observações históricas. Combina três componentes principais - auto-regressão, diferenciação e médias móveis - para captar eficazmente tendências, sazonalidade e padrões temporais nos dados. O modelo é designado por ARIMA(p, d, q), em que "p" representa a ordem da auto-regressão, "d" representa o grau de diferenciação necessário para atingir a estacionariedade e "q" significa a ordem da média móvel.

O modelo ARIMA funciona segundo o princípio de que os valores futuros de uma série cronológica podem ser previstos a partir de valores passados e de erros de previsão passados. A equação geral para o modelo ARIMA é expressa como:

$$Y(t) = c + \sum_{i=1}^{p}\left(\phi_i . Y(t-i)\right) + \epsilon(t) - \sum_{i=1}^{q}(\theta_i . \epsilon(t-1)) \qquad (1)$$

Nesta equação, Y(t)Y(t)Y(t) representa o valor observado no período de tempo t. O termo c é uma constante, muitas vezes representando a média da série. A componente autoregressiva, representada por $\sum_{i=1}^{p}\left(\phi_i . Y(t-i)\right)$inclui os coeficientes $\phi_i$aplicados a observações passadas até à ordem ppp. Esta componente capta a influência dos valores anteriores no valor atual. O termo de erro $\epsilon(t)$ representa o ruído aleatório ou os resíduos da previsão.

A componente de média móvel, $\sum_{i=1}^{q}(\theta_i . \epsilon(t-1))$envolve coeficientes $\theta_i$aplicados aos erros passados até à ordem q. Esta componente ajuda a suavizar as flutuações e a captar o impacto dos erros de previsão passados no valor atual.

Os modelos ARIMA são particularmente apreciados pela sua simplicidade e eficácia no tratamento de dados temporais, o que os torna uma ferramenta versátil para várias tarefas de previsão em diferentes domínios. São hábeis na modelação de dados com tendências e sazonalidades claras, fornecendo assim previsões exactas de valores futuros, tirando partido de padrões e erros históricos.

5.2 Métodos de suavização exponencial

Os métodos de suavização exponencial são técnicas populares de previsão de séries cronológicas concebidas para gerar previsões fiáveis através da atribuição de pesos exponencialmente decrescentes a observações passadas. Esta abordagem dá mais prioridade aos dados recentes do que aos dados mais antigos, o que a torna particularmente eficaz para captar tendências e padrões em dados de séries cronológicas.

A forma mais simples, conhecida como Suavização Exponencial Simples (SES), envolve um único parâmetro de suavização (α), que determina o peso da observação mais recente na previsão. O parâmetro α varia entre 0 e 1; um α mais elevado dá mais peso às observações recentes, enquanto um α mais baixo distribui o peso de forma mais uniforme pelos dados anteriores. Este método é mais adequado para séries sem tendências ou sazonalidades significativas.

Para dados de séries cronológicas que apresentam tendências, o alisamento exponencial duplo alarga o SES incorporando um segundo parâmetro de alisamento (β) para ter em conta os componentes de tendência. Este método ajusta as previsões com base tanto no nível como na tendência, tornando-o mais adaptável a dados que apresentam alterações sistemáticas ao longo do tempo.

O alisamento exponencial triplo, também conhecido como método Holt-Winters, refina ainda mais a abordagem ao incorporar a sazonalidade. Acrescenta um terceiro parâmetro (γ) para modelar flutuações periódicas, permitindo que a técnica capte padrões repetidos que ocorrem em intervalos regulares. Este método é particularmente útil para séries com tendências e variações sazonais.

A expressão geral para o alisamento exponencial é dada pela equação 2:

$$\hat{Y}_{t+1|t} = \alpha Y_t + (1 - \alpha)\hat{Y}_{t|t-1} \tag{2}$$

Aqui, $\hat{Y}_{t+1|t}$ representa o valor previsto para o período de tempo seguinte, Y_t é o valor observado no período de tempo atual, $\hat{Y}_{t|t-1}$ é o valor previsto no período de tempo atual com base na observação anterior, e α é o parâmetro de regularização (também conhecido como fator de regularização) que determina o peso atribuído à observação mais recente.

O método de suavização exponencial calcula essencialmente a média ponderada da observação atual e da previsão anterior para gerar a previsão seguinte. O parâmetro de suavização α controla a influência das observações anteriores na previsão, com valores mais pequenos de α a darem mais peso às observações recentes, resultando numa maior capacidade de resposta às alterações dos dados, enquanto valores maiores de α dão mais peso aos dados históricos, resultando em previsões mais suaves. Os métodos de alisamento exponencial são particularmente úteis para dados sem padrões sazonais claros ou quando a tónica é colocada na previsão a curto prazo [20].

5.3 Métodos de decomposição sazonal

Os métodos de decomposição sazonal são cruciais para a análise e previsão de dados de séries cronológicas, dividindo-os nas suas componentes fundamentais: tendência, sazonalidade e ruído. Estes métodos facilitam uma compreensão mais profunda dos padrões subjacentes e melhoram a exatidão das previsões ao isolar estas componentes. Uma técnica clássica proeminente é a Decomposição Sazonal de Séries Temporais (STL), que emprega a Suavização de Dispersão Estimada Localmente (LOESS) para conseguir a sua decomposição.

O modelo STL disseca os dados de séries cronológicas em três componentes distintos. A componente sazonal capta os padrões ou ciclos repetitivos que ocorrem a intervalos regulares, como as variações mensais ou trimestrais. A identificação desta componente é essencial para compreender as flutuações periódicas e fazer previsões exactas durante estes ciclos. A componente de tendência representa o movimento ou a direção a longo prazo nos dados, indicando se a série está geralmente a aumentar, a diminuir ou a permanecer estável ao longo do tempo. Ao isolar a tendência, os analistas podem discernir se as alterações nos dados se devem a mudanças mais amplas e sustentadas e não a variações de curto prazo. Finalmente, a componente restante (ou residual) capta o ruído ou as flutuações irregulares que não se enquadram nos padrões sazonais ou de tendência. Esta componente ajuda a compreender as variações aleatórias e as anomalias nos dados.

A STL é particularmente valorizada pela sua flexibilidade e robustez, uma vez que permite que as componentes sazonais e de tendência sejam estimadas através de métodos não lineares e não paramétricos. Este facto torna a STL apta a lidar com dados de séries cronológicas complexas com padrões e tendências sazonais variáveis. Ao decompor os dados nestas componentes, a STL e métodos semelhantes permitem uma previsão mais precisa e uma interpretação mais clara das séries cronológicas, conduzindo, em última análise, a uma melhor tomada de decisões e ao desenvolvimento de estratégias.

A sua equação geral é expressa como mostra a equação 3:

$$Y(t) = S(t) + T(t) + R(t)Yt = St + Tt + Rt \tag{3}$$

No período de tempo t, a produção de energia solar observada, denotada por Y(t), é a soma da sua componente sazonal (S(t)), da componente de tendência (T(t)) e da componente residual (R(t)).

Através de um processo sistemático de decomposição sazonal, o modelo STL isola cada componente de forma independente. Subsequentemente, a previsão individual é aplicada a estes componentes para gerar a previsão final para a futura produção de energia solar [22].

6. Algoritmos de regressão de aprendizagem automática

Os algoritmos de regressão de aprendizagem automática são fundamentais para prever resultados contínuos com base em caraterísticas de entrada, permitindo uma série de aplicações, desde a previsão de preços à avaliação de riscos. Estes algoritmos utilizam diferentes técnicas para modelar as relações entre as variáveis de entrada e o resultado pretendido, oferecendo versatilidade e precisão nas tarefas de previsão.

A Regressão Linear é uma das técnicas de regressão mais simples e mais utilizadas. Pressupõe uma relação linear entre as caraterísticas de entrada e a variável alvo, o que a torna adequada para cenários em que esta linearidade é verdadeira. Apesar da sua simplicidade, a regressão linear proporciona uma compreensão fundamental das relações entre variáveis e é frequentemente utilizada como referência na modelação preditiva.

A Regressão de Vectores de Suporte (SVR) alarga os princípios das máquinas de vectores de suporte a problemas de regressão. O objetivo da SVR é encontrar uma função que se desvie dos valores reais observados por uma margem de tolerância, maximizando simultaneamente a margem entre os pontos de dados e a função de regressão. Este método é eficaz para captar relações complexas e não lineares e para tratar dados de elevada dimensão.

As árvores de decisão proporcionam uma abordagem mais intuitiva, dividindo os dados em subconjuntos com base nos valores das caraterísticas, criando um modelo de decisões semelhante a uma árvore. Este método lida com relações lineares e não lineares e pode modelar interações entre caraterísticas. No entanto, as árvores de decisão podem ser propensas a sobreajuste, em que o modelo se torna demasiado adaptado aos dados de treino.

As florestas aleatórias, um método de conjunto que constrói várias árvores de decisão e agrega as suas previsões, resolvem o problema de sobreajuste das árvores de decisão individuais. Ao calcular a média dos resultados de várias árvores, as florestas aleatórias fornecem previsões mais robustas e exactas, captando padrões complexos nos dados.

As redes neuronais, incluindo os modelos de aprendizagem profunda, oferecem ferramentas poderosas para modelar relações complexas em grandes conjuntos de dados. São constituídas por várias camadas de nós interligados, aprendendo caraterísticas e padrões hierárquicos através da retropropagação. As redes neuronais destacam-se em cenários com grandes quantidades de dados e relações não lineares complexas.

Estes algoritmos de regressão encontram aplicações em vários domínios, incluindo finanças para previsão de preços, gestão da cadeia de abastecimento para previsão da procura e cuidados de saúde para avaliação de riscos, demonstrando a sua versatilidade e importância na análise preditiva.

A expressão geral para a regressão pode ser escrita como a equação 4:

$$y = f(x_1, x_2, ..., x_n) + \epsilon \tag{4}$$

Na equação 4, y representa a variável-alvo (ou variável dependente) que se pretende prever, x_1, x_2, ..., x_n são as caraterísticas de entrada (ou variáveis independentes) que são utilizadas para efetuar previsões, f representa a função de regressão que mapeia as caraterísticas de entrada para a variável-alvo, e ϵ representa o termo de erro, que capta a diferença entre os valores previstos e os valores efectivos. O objetivo dos algoritmos de regressão é aprender a relação entre as caraterísticas de entrada e a variável-alvo a partir de dados de treino, permitindo que o modelo faça previsões precisas em dados não vistos. Vários algoritmos de regressão de aprendizagem automática, como a regressão linear, a regressão polinomial, a regressão por árvore de decisão, a regressão por vetor de suporte e a regressão por rede neural, utilizam diferentes abordagens para aprender esta relação. Estes algoritmos diferem em termos de complexidade, flexibilidade e capacidade de lidar com diferentes tipos de dados, permitindo aos profissionais escolher o método mais adequado com base nas caraterísticas do conjunto de dados e no problema específico em causa. Em geral, os algoritmos de regressão desempenham um papel crucial na modelação preditiva em numerosos domínios, incluindo finanças, cuidados de saúde, marketing e outros [24].

6.1 Redes Neuronais de Séries Temporais

As redes neuronais de séries cronológicas, como as Redes Neuronais Recorrentes (RNN) e as Redes de Memória de Curto Prazo Longo (LSTM), são especificamente concebidas para processar e analisar dados sequenciais, captando as dependências temporais que são cruciais para uma previsão exacta. Estas redes são excelentes em tarefas que envolvem a compreensão de padrões ao longo do tempo e a realização de previsões com base em informações históricas.

As Redes Neuronais Recorrentes (RNN) são a arquitetura fundamental para o tratamento de dados sequenciais. Ao contrário das redes neurais feedforward tradicionais, as RNNs têm conexões que formam ciclos dirigidos, o que lhes permite manter um estado oculto que carrega informações de etapas de tempo anteriores. Esta conceção permite que as RNNs aproveitem os dados históricos ao processar as entradas actuais. No entanto, as RNNs podem ter dificuldades com dependências de longo prazo devido a problemas como o desaparecimento ou a explosão de gradientes, o que pode prejudicar o seu desempenho em tarefas que exijam a retenção de informações de longo prazo.

Para resolver estas limitações, foram desenvolvidas **as redes de memória de curto prazo (LSTM)**. As LSTMs melhoram a arquitetura das RNNs introduzindo células de memória e mecanismos de controlo que gerem melhor o fluxo de informação. Especificamente, as LSTM utilizam portas de entrada, esquecimento e saída para controlar a retenção e a atualização da informação nas células de memória. Esta capacidade permite que os LSTMs retenham informações relevantes em sequências mais longas e captem eficazmente as dependências a longo prazo. Como resultado, os LSTMs são particularmente adequados para tarefas de previsão de séries temporais em que o contexto histórico tem um impacto significativo nas previsões futuras.

Estas redes neurais de séries temporais são amplamente utilizadas em várias aplicações devido à sua capacidade de modelar padrões temporais complexos. Na **previsão do preço das acções**, as LSTM podem analisar os movimentos históricos dos preços para prever tendências futuras, captando tanto as flutuações a curto prazo como as tendências a longo prazo. Do mesmo modo, na **previsão meteorológica**, estas redes podem incorporar dados meteorológicos passados para prever condições futuras, tendo em conta padrões sazonais e outras dinâmicas temporais. Tirando partido da sua arquitetura para tratar eficazmente dados sequenciais, as RNN e as LSTM fornecem soluções robustas para uma série de desafios de previsão dependentes do tempo. A expressão geral de uma rede neural de séries temporais pode ser representada na equação 5.

$$y_t = f(x_t, x_{t-1}, \dots, x_{t-n}) + \epsilon_t \qquad (5)$$

Aqui, y_t denota o valor previsto no momento t, $x_t, x_{t-1}, \dots, x_{t-n}$ são as caraterísticas de entrada ou os valores desfasados da variável-alvo, que captam as dependências temporais dos dados, f representa a função da rede neuronal que mapeia as caraterísticas de entrada para o valor previsto e ϵ_t representa o termo de erro. As redes neuronais de séries temporais podem ter várias arquitecturas, como redes neuronais feedforward, redes neuronais recorrentes (RNN), redes de memória longa de curto prazo (LSTM) ou unidades recorrentes gated (GRU). As RNNs, LSTMs e GRUs são particularmente adequadas para dados de séries temporais devido à sua capacidade de captar dependências sequenciais e lidar com sequências de comprimento variável. Estas redes aprendem com dados históricos para captar padrões e tendências, o que as torna eficazes para tarefas como a previsão, a deteção de anomalias e o reconhecimento de padrões em dados de séries temporais. As redes neuronais de séries temporais revelaram um desempenho notável em várias aplicações em domínios como as finanças, a energia, os cuidados de saúde e a modelização do clima, entre outros, demonstrando a sua versatilidade e eficácia na modelização de dados temporais complexos [25].

6.2 Métodos de conjunto

Os métodos de conjunto são uma abordagem poderosa na aprendizagem automática que melhora o desempenho de previsão através da combinação dos resultados de vários modelos individuais, conhecidos como aprendizes de base. Esta estratégia aproveita os pontos fortes de diversos modelos para melhorar a precisão geral, a robustez e a generalização. As três principais técnicas de conjunto - bagging, boosting e stacking - utilizam mecanismos diferentes para alcançar estes benefícios.

Bagging, ou Bootstrap Aggregating, envolve o treino de várias instâncias do mesmo modelo em diferentes subconjuntos dos dados de treino, cada um gerado por amostragem com substituição. As previsões destes modelos são depois calculadas como média (para regressão) ou votadas (para classificação) para produzir o resultado final. O ensacamento ajuda a reduzir a variância, calculando a média dos erros dos modelos individuais, evitando assim o sobreajuste. As florestas aleatórias, uma técnica popular de ensacamento, constroem várias árvores de decisão em amostras com bootstrapping e agregam as suas previsões, o que conduz a uma maior precisão e robustez.

O Boosting centra-se na formação sequencial de modelos em que cada novo modelo tenta corrigir os erros cometidos pelo seu antecessor. Nesta abordagem, os modelos são treinados em versões ponderadas dos dados de treino, com maior ênfase nos exemplos que foram mal classificados pelos modelos anteriores. Técnicas como o AdaBoost e o Gradient Boosting ajustam os pesos das instâncias de treino para melhorar o desempenho do conjunto de forma incremental. O Boosting reduz tanto o enviesamento como a variância, resolvendo sistematicamente os pontos fracos do modelo e melhorando a precisão global da previsão.

O empilhamento envolve o treino de vários modelos diferentes (aprendizes de base) e, em seguida, a combinação das suas previsões utilizando um meta-modelo, que aprende a melhor forma de agregar os resultados dos modelos de base. Os alunos de base podem ser diferentes tipos de modelos, como árvores de decisão, regressões lineares ou redes neuronais, e o meta-modelo é normalmente um modelo simples como a regressão logística ou a regressão linear. O empilhamento capta uma gama mais ampla de padrões e interações nos dados, conduzindo a um melhor desempenho em comparação com qualquer aprendiz de base isolado.

Estes métodos de conjunto são amplamente adoptados em várias tarefas de aprendizagem automática porque atenuam eficazmente os enviesamentos, reduzem a variância e melhoram a generalização dos modelos de previsão. Ao tirar partido da sabedoria colectiva de vários modelos, as técnicas de conjunto conduzem a previsões mais robustas e precisas, tornando-as uma pedra angular de soluções eficazes de aprendizagem automática.

6.3 Análise de séries temporais para previsão de energia solar

A análise de séries temporais para a previsão da energia solar é um processo complexo e multifacetado que visa prever a produção futura de energia solar com base em dados históricos e em vários factores de influência. Este processo é essencial para otimizar a produção de energia solar e integrá-la eficazmente na rede de energia. A análise começa normalmente com o pré-processamento de dados, em que os dados em bruto são meticulosamente limpos e normalizados para garantir a consistência. Este passo envolve a remoção de quaisquer anomalias, o preenchimento de valores em falta e a transformação dos dados num formato uniforme. Os dados também podem ser reamostrados para ajustar a frequência das observações, alinhando-os com os requisitos do modelo de previsão e melhorando a qualidade geral dos dados.

Uma vez preparados os dados, são utilizadas várias técnicas de previsão de séries cronológicas para prever a produção futura de energia solar. Os métodos estatísticos tradicionais, como a média móvel integrada auto-regressiva (ARIMA), são normalmente utilizados. Os modelos ARIMA são eficazes para captar padrões e tendências lineares nos dados, combinando componentes autoregressivos (AR), diferenciação para alcançar a estacionariedade (I) e termos de média móvel (MA) para suavizar as flutuações. Os métodos de suavização exponencial, incluindo a Suavização Exponencial Simples (SES) e variantes mais avançadas, também desempenham um papel nesta análise. Estes métodos ponderam exponencialmente as observações passadas, dando ênfase aos dados mais recentes para efetuar previsões a curto prazo, ao mesmo tempo que suavizam as irregularidades.

Para além dos métodos estatísticos, são utilizadas técnicas de decomposição sazonal para identificar e separar os padrões sazonais dos dados. A decomposição sazonal-tendencial utilizando LOESS (STL), por exemplo, decompõe os dados de séries cronológicas em componentes sazonais, tendenciais e residuais, permitindo uma melhor compreensão dos padrões cíclicos e das tendências a longo prazo.

Para captar padrões e dependências mais complexos, são também utilizados algoritmos de aprendizagem automática. As Redes Neuronais Recorrentes (RNN), com a sua capacidade de tratar dados sequenciais, são adequadas para modelar dependências temporais. As redes de memória longa de curto prazo (LSTM), um tipo de RNN, melhoram ainda mais esta capacidade, resolvendo as limitações das RNN normais no tratamento de dependências de longo prazo. As LSTMs utilizam células de memória e mecanismos de gating para reter informações importantes em sequências mais longas, tornando-as eficazes para captar padrões e tendências intrincados em dados de irradiância solar e de produção de energia.

A engenharia de caraterísticas é outra etapa crítica deste processo. Envolve a extração e criação de caraterísticas relevantes a partir de dados em bruto para melhorar a precisão das previsões. Caraterísticas como a hora do dia, o dia da semana e condições climatéricas específicas (por exemplo, cobertura de nuvens, temperatura) são concebidas para ajudar os modelos a compreender e prever melhor a produção de energia solar.

Os métodos de conjunto também podem ser aplicados para combinar as previsões de vários modelos, tirando partido dos seus pontos fortes e atenuando os pontos fracos de cada modelo. Técnicas como bagging, boosting e stacking podem agregar previsões de vários modelos estatísticos e de aprendizagem automática, melhorando o desempenho global e a robustez da previsão.

Por último, a avaliação e a validação contínuas do modelo em relação a dados não vistos são cruciais para garantir a fiabilidade e a adaptabilidade dos modelos de previsão. Isto implica avaliar o desempenho do modelo utilizando métricas como o erro absoluto médio (MAE) ou o erro quadrático médio (RMSE) e recalibrá-lo conforme necessário para se adaptar a condições em mudança ou a novas tendências de dados. A análise de séries temporais para a previsão de energia solar integra várias metodologias para otimizar a produção de energia solar. Ao prever com exatidão a produção de energia solar, esta análise apoia uma gestão eficiente da rede e melhora o papel da energia solar no cabaz energético mais vasto, contribuindo para soluções energéticas sustentáveis.

6.4 Abordagens de aprendizagem de conjuntos

A aprendizagem em conjunto representa uma abordagem transformadora no domínio da inteligência artificial, nomeadamente para melhorar a previsão da energia solar. Ao integrar as previsões de vários modelos individuais, os métodos de conjunto oferecem uma forma de obter previsões mais robustas e exactas do que qualquer modelo isolado. Esta capacidade é especialmente valiosa no contexto da previsão da energia solar, em que a captação de padrões complexos e a atenuação do impacto de várias incertezas são cruciais para a gestão eficaz da rede e o planeamento energético.

As técnicas de conjunto, tais como **bagging, boosting** e **stacking**, contribuem de forma única para melhorar a exatidão das previsões, tirando partido da diversidade de vários modelos. **Bagging**, ou Bootstrap Aggregating, envolve o treino de várias instâncias do mesmo modelo de base em diferentes subconjuntos de dados de treino criados por amostragem com substituição. As previsões desses modelos são então agregadas, normalmente através de média (para regressão) ou votação (para classificação). Esta abordagem ajuda a reduzir a variância e a aumentar a estabilidade das previsões, o que é particularmente útil para lidar com dados de irradiância solar ruidosos ou inconsistentes.

O Boosting adopta uma abordagem diferente, treinando sequencialmente modelos em que cada modelo subsequente tenta corrigir os erros do seu antecessor. As técnicas de reforço, como o AdaBoost ou o Gradient Boosting, ajustam os pesos das instâncias de treino com base nos seus erros de previsão, concentrando-se assim mais nos casos difíceis. Este processo de refinamento iterativo ajuda a reduzir tanto o enviesamento como a variância, conduzindo a previsões altamente exactas. Na previsão da energia solar, o boosting pode efetivamente captar padrões e relações temporais intrincados nos dados, melhorando o desempenho da previsão.

O empilhamento oferece outra estratégia de conjunto poderosa, combinando vários modelos diferentes para formar um meta-modelo. Nesta abordagem, diferentes modelos de base, como árvores de decisão, redes neuronais ou máquinas de vectores de apoio, são treinados com os mesmos dados. As previsões destes modelos de base são depois utilizadas como caraterísticas de entrada para um meta-modelo, que aprende a fazer a previsão final com base nos resultados dos modelos de base. O empilhamento tira partido dos pontos fortes de vários modelos, capturando uma gama mais vasta de padrões e melhorando o desempenho da previsão através da integração das suas percepções individuais.

No domínio da previsão da energia solar, as técnicas de aprendizagem de conjuntos podem ser utilizadas para enfrentar desafios específicos, como a variabilidade da irradiância solar, o impacto das condições meteorológicas e as tendências a longo prazo. Ao treinar diversos modelos em diferentes subconjuntos de dados ou ao utilizar vários hiperparâmetros, os conjuntos podem captar uma gama mais vasta de relações e interações nos dados. Esta diversidade aumenta o poder de previsão global do conjunto e ajuda a mitigar o risco de sobreajuste, o que é particularmente importante quando se trabalha com conjuntos de dados ruidosos ou incompletos.

As vantagens da aprendizagem em conjunto vão para além da mera precisão da previsão. Estes métodos também contribuem para melhorar o desempenho da generalização, tornando-os robustos para dados novos e não vistos. Esta robustez é fundamental para aplicações no domínio da energia solar, em que a previsão exacta é essencial para uma gestão eficiente da rede, o comércio de energia e o planeamento de infra-estruturas. Por exemplo, previsões fiáveis permitem que as partes interessadas optimizem a atribuição de recursos, ajustem as estratégias de armazenamento de energia e melhorem a estabilidade da rede, facilitando um sistema energético mais resiliente e sustentável.

De um modo geral, a aprendizagem em conjunto capacita as partes interessadas no sector da energia solar, fornecendo previsões mais fiáveis e precisas. Esta capacidade de previsão melhorada apoia a tomada de decisões informadas e o planeamento estratégico, acelerando a transição para uma infraestrutura energética sustentável e resiliente. Ao integrar diversos modelos e ao aproveitar os seus pontos fortes colectivos, os métodos de conjunto desempenham um papel fundamental na otimização da produção de energia solar e no avanço dos objectivos mais amplos da sustentabilidade energética.

7. OPTIMIZAÇÃO DA PRODUÇÃO DE ENERGIA SOLAR

A otimização da produção de energia solar é essencial para maximizar a eficiência, a fiabilidade e a sustentabilidade dos sistemas de energias renováveis. Esta abordagem abrangente envolve várias estratégias-chave destinadas a melhorar o desempenho e o rendimento energético das instalações solares.

A seleção do local é fundamental para otimizar a produção de energia solar. A escolha de um local ótimo envolve a avaliação de factores como os níveis de irradiação solar, sombreamento e caraterísticas geográficas. Níveis elevados de irradiação solar, sombreamento mínimo dos objectos circundantes e condições geográficas favoráveis contribuem significativamente para a produção de energia. Os Sistemas de Informação Geográfica (SIG) e as técnicas avançadas de modelação são fundamentais neste processo. Os SIG permitem que as partes interessadas analisem dados espaciais e identifiquem locais com o maior potencial de captação de energia solar. Técnicas avançadas de modelação, incluindo mapas de irradiância solar e ferramentas de simulação, aperfeiçoam ainda mais a seleção de locais, prevendo a exposição solar e o rendimento energético de vários locais.

Os avanços tecnológicos na tecnologia de painéis solares também desempenham um papel crucial na maximização das taxas de captação e conversão de energia. As células fotovoltaicas (PV) de elevada eficiência, que convertem uma maior percentagem da luz solar em eletricidade, aumentam significativamente a produção de energia. Inovações como as células solares multi-junção e os painéis bifaciais, que captam a luz solar de ambos os lados, representam avanços notáveis nesta área. Além disso, os sistemas de seguimento solar que ajustam o ângulo dos painéis para seguir a trajetória do sol ao longo do dia podem aumentar a captação de energia, assegurando que os painéis permanecem perpendiculares aos raios solares durante o maior tempo possível.

A integração de soluções de armazenamento de energia é outro componente vital da otimização da energia solar. Os sistemas de armazenamento de energia, como as baterias ou o armazenamento por bombagem de água, permitem a captura e o armazenamento do excesso de energia gerado durante os períodos de pico de produção. Esta energia armazenada pode ser utilizada durante períodos de baixa produção solar ou de elevada procura, aumentando a estabilidade e a flexibilidade da rede. Por exemplo, os sistemas de armazenamento de baterias permitem a integração harmoniosa da energia solar na rede, proporcionando uma reserva fiável durante os dias nublados ou durante a noite, enquanto o armazenamento por bombagem hidráulica pode armazenar energia elevando a água para um reservatório e libertando-a para gerar eletricidade quando necessário.

A análise preditiva e a aprendizagem automática estão a transformar as estratégias de gestão de energia, fornecendo ferramentas para prever os padrões de irradiância solar e otimizar o desempenho do sistema. Os algoritmos de aprendizagem automática podem analisar dados meteorológicos históricos, níveis de irradiação solar e outras variáveis relevantes para prever a produção futura de energia. Esta capacidade permite ajustes dinâmicos aos parâmetros do sistema, como o ângulo dos painéis solares ou o funcionamento dos sistemas de armazenamento de energia, em tempo real. Estes ajustes ajudam a maximizar a captação de energia e a garantir que a instalação solar funciona com a máxima eficiência em condições variáveis.

Ao adoptarem uma abordagem holística que combine estas estratégias - inovação tecnológica, tomada de decisões baseada em dados e planeamento estratégico - as partes interessadas podem libertar todo o potencial da produção de energia solar. Esta abordagem abrangente não só aumenta a eficiência e a fiabilidade das instalações solares, como também impulsiona a transição para um futuro de energia sustentável e renovável. À medida que a tecnologia solar continua a avançar e a análise de dados se torna mais sofisticada, o potencial de otimização da produção de energia solar irá expandir-se, contribuindo para uma infraestrutura energética mais resistente e amiga do ambiente.

7.1 Estratégias de controlo dinâmico

A otimização da produção de energia solar através de estratégias de controlo dinâmico é crucial para maximizar a eficiência e a fiabilidade dos sistemas de energia solar. Estas estratégias envolvem ajustes em tempo real a vários parâmetros do sistema com base nas condições ambientais flutuantes, na procura de energia e nos requisitos da rede. A natureza dinâmica destas estratégias de controlo garante que os sistemas de energia solar funcionam com o máximo desempenho, contribuindo para a estabilidade e eficiência globais da rede de energia.

Uma abordagem fundamental no controlo dinâmico é a utilização de inversores inteligentes e algoritmos de controlo avançados. Os inversores inteligentes são dispositivos sofisticados que gerem a conversão da corrente contínua (CC) dos painéis solares em corrente alternada (CA) utilizada pela rede. Oferecem capacidades que vão para além da conversão básica de energia, incluindo a regulação dinâmica da tensão e da frequência, a compensação da energia reactiva e a correção do fator de potência. Estas caraterísticas permitem aos inversores inteligentes gerir ativamente o fluxo de eletricidade, assegurando que este cumpre os requisitos de estabilidade da rede. Por exemplo, podem ajustar a saída de tensão em resposta às flutuações de tensão da rede, melhorando assim a estabilidade da rede e reduzindo o risco de subidas ou descidas de tensão. A compensação da potência reactiva ajuda a manter os níveis de tensão dentro do intervalo desejado, enquanto a correção do fator de potência assegura que a energia fornecida à rede é utilizada de forma eficiente.

Outro elemento crítico é a implementação de mecanismos de resposta à procura. Estes mecanismos permitem a deslocação do consumo de energia para se alinharem com os períodos de elevada disponibilidade solar. Ao encorajar ou automatizar a utilização de aparelhos e sistemas eléctricos durante os períodos em que a produção de energia solar está no seu pico, as estratégias de resposta à procura podem reduzir significativamente a dependência de fontes de energia de reserva, que são frequentemente baseadas em combustíveis fósseis. Este facto não só ajuda a reduzir os custos operacionais, como também minimiza o impacto ambiental associado à produção de energia. Por exemplo, os termóstatos inteligentes e os sistemas de iluminação automatizados podem ajustar o seu funcionamento com base na disponibilidade de energia solar em tempo real, optimizando a utilização de energia e melhorando a eficiência global do sistema.

Além disso, a análise preditiva e os modelos de aprendizagem automática estão a ser cada vez mais utilizados para aperfeiçoar as decisões de despacho e armazenamento de energia. Estes modelos analisam dados históricos sobre padrões de irradiação solar, condições climatéricas e procura de energia para prever a produção e o consumo futuros de energia. Ao prever as flutuações da irradiância solar e da procura de energia, estes modelos podem otimizar a programação do armazenamento e da libertação de energia. Por exemplo, os algoritmos de aprendizagem automática podem prever períodos de elevada produção solar e garantir que os sistemas de armazenamento de energia são carregados em antecipação, prevendo também potenciais períodos de baixa produção para gerir eficazmente a utilização de energia. Esta abordagem proactiva aumenta a fiabilidade dos sistemas de energia solar e permite uma melhor integração na rede.

A integração destas estratégias de controlo dinâmico nos sistemas de energia solar permite às partes interessadas melhorar a eficiência energética e a estabilidade da rede, maximizando simultaneamente os benefícios da energia solar. Os ajustes em tempo real baseados nas condições ambientais e da rede garantem que os sistemas de energia solar podem responder eficazmente às circunstâncias em mudança, reduzindo as perdas e melhorando o desempenho global. À medida que a tecnologia solar continua a evoluir, a integração de estratégias de controlo avançadas e a análise preditiva desempenharão um papel crucial no apoio à adoção generalizada da energia solar como uma fonte de energia fiável e sustentável. Esta abordagem não só optimiza a utilização da energia solar, como também facilita a transição para uma infraestrutura energética mais resiliente e amiga do ambiente.

7.2 Ajuste do ângulo do painel solar

O ajuste do ângulo dos painéis solares é uma técnica fundamental para otimizar a produção de energia solar, em particular para sistemas fotovoltaicos estacionários (PV). O ângulo em que os painéis solares são inclinados em relação ao sol influencia grandemente a sua exposição à luz solar e, consequentemente, a sua produção de energia. Este aspeto torna-se ainda mais crucial em regiões que registam variações sazonais significativas no ângulo solar. Ajustar o ângulo de inclinação dos painéis solares ao longo do ano pode levar a melhorias substanciais no rendimento energético e na eficiência global do sistema.

Na maioria das instalações, os painéis solares são colocados num ângulo de inclinação que corresponde à latitude do local. Este ângulo de inclinação fixo foi concebido para maximizar a produção anual de energia, calculando a média da exposição solar ao longo do ano. No entanto, esta abordagem estática pode nem sempre ser a ideal, particularmente em áreas com elevada variabilidade solar ou necessidades energéticas específicas. Por exemplo, em regiões com mudanças sazonais significativas, onde o ângulo do sol varia consideravelmente entre o verão e o inverno, uma inclinação fixa pode não capitalizar totalmente a energia solar disponível.

Para resolver este problema, são utilizados sistemas de inclinação dinâmica. Estes sistemas utilizam mecanismos mecânicos ou motorizados para ajustar o ângulo dos painéis solares com base na posição do sol ao longo do dia ou do ano. Ao ajustar ativamente a inclinação do painel, estes sistemas garantem que os painéis permanecem orientados para o sol durante o máximo de tempo possível, aumentando assim a captação de energia. Os sistemas de inclinação dinâmica baseiam-se normalmente em vários métodos para determinar o ângulo ideal, incluindo sensores que detectam a posição do sol, cálculos astronómicos que prevêem os ângulos solares com base na hora e na localização e algoritmos preditivos que utilizam dados históricos e previsões meteorológicas para otimizar a orientação do painel. Estes sistemas podem ajustar a inclinação em tempo real, respondendo às mudanças de posição do sol e assegurando que os painéis estão sempre na orientação mais eficiente para a produção de energia.

Para além dos sistemas de inclinação dinâmica, algumas instalações utilizam técnicas de ajuste sazonal. Este método envolve a alteração do ângulo de inclinação dos painéis solares em alturas específicas do ano, de modo a alinhar-se com a trajetória sazonal do sol. O ajuste sazonal pode ser manual ou automatizado. Nos sistemas manuais, o ângulo de inclinação é ajustado pelo operador em intervalos designados, como no início de cada estação. Os sistemas automatizados utilizam horários pré-programados ou dados de sensores para ajustar automaticamente o ângulo de inclinação. Ao ter em conta as variações no ângulo de elevação solar entre estações, o ajuste sazonal melhora a captação de energia durante diferentes alturas do ano, optimizando ainda mais o desempenho do sistema.

Os benefícios do ajuste dos ângulos dos painéis solares vão para além da simples melhoria do rendimento energético. Técnicas corretas de ajuste dos ângulos podem também melhorar o desempenho geral e a longevidade dos sistemas solares fotovoltaicos. Ao garantir que os painéis estão sempre orientados de forma óptima, estas técnicas reduzem a probabilidade de problemas como sombreamento ou sujidade, que podem diminuir a produção de energia. Além disso, a otimização do ângulo de inclinação pode levar a uma utilização mais eficiente do espaço, uma vez que os painéis podem ser orientados para minimizar a distância entre eles, maximizando a captação de energia.

Num contexto mais vasto, a integração de técnicas avançadas de ajustamento angular contribui para a viabilidade e competitividade globais da energia solar como fonte de energia renovável. Ao aumentar a eficiência da produção de energia, estas técnicas tornam a energia solar uma opção mais atractiva em comparação com outras fontes de energia, impulsionando a adoção da tecnologia solar e apoiando a transição para um futuro energético mais sustentável. A melhoria contínua e a implementação destas técnicas reflectem os avanços contínuos da tecnologia solar, com o objetivo de maximizar o potencial da energia solar e garantir o seu papel como um interveniente fundamental no panorama energético global.

7.3 Otimização do armazenamento de energia

A otimização do armazenamento de energia é um aspeto fundamental para aumentar a fiabilidade, a eficiência e a viabilidade económica dos sistemas de energia solar. Estratégias eficazes de armazenamento de energia são essenciais para gerir a natureza variável da energia solar, permitindo a captura e utilização do excesso de energia gerada durante os períodos de pico de produção e assegurando um fornecimento estável de eletricidade durante períodos de baixa produção ou de elevada procura. Várias tecnologias de armazenamento de energia, incluindo baterias, armazenamento hídrico por bombagem e armazenamento de energia térmica, oferecem benefícios únicos e desempenham um papel crucial na otimização dos sistemas de energia solar.

A transferência de carga é uma das principais estratégias para a otimização do armazenamento de energia. Trata-se de armazenar a energia excedente gerada durante períodos de elevada irradiação solar e baixa procura de energia e de utilizar essa energia armazenada durante as horas de maior procura, quando a rede está sob tensão. Ao deslocar o consumo de energia dos períodos de pico para os períodos fora de pico, os sistemas de armazenamento de energia ajudam a reduzir a dependência da dispendiosa energia de pico da rede, que é frequentemente gerada por fontes menos eficientes e mais poluentes. Isto não só ajuda a baixar os custos da eletricidade para os consumidores, como também reduz a pressão sobre a rede durante as horas de ponta, conduzindo a um fornecimento de energia mais estável e fiável.

A estabilização da rede é outra aplicação crítica do armazenamento de energia. Os sistemas de armazenamento podem prestar serviços valiosos à rede, absorvendo o excesso de energia quando a procura é baixa ou a produção renovável é elevada e libertando-a quando é necessário equilibrar a oferta e a procura. Esta capacidade é crucial para manter a frequência e a tensão da rede dentro de intervalos aceitáveis, atenuando as flutuações que podem ocorrer devido a alterações súbitas na produção de energia renovável ou na carga. Ao fornecer este serviço de estabilização da rede, os sistemas de armazenamento de energia aumentam a fiabilidade geral da rede e ajudam a acomodar uma maior proporção de fontes de energia renováveis variáveis, como a solar e a eólica.

A otimização do tempo de utilização aproveita o armazenamento de energia para tirar partido da variação dos preços da eletricidade ao longo do dia. Muitos mercados de eletricidade oferecem esquemas de preços por tempo de uso, em que o custo da eletricidade varia de acordo com a hora do dia. Ao carregar os sistemas de armazenamento de energia durante os períodos de preços baixos da eletricidade - normalmente quando a produção solar é elevada e a procura é baixa - e ao descarregá-los durante os períodos de preços elevados - quando a procura é alta e os custos da eletricidade são elevados - os sistemas de armazenamento de energia podem reduzir os custos globais da eletricidade para os consumidores. Esta otimização não só ajuda a gerir as despesas de energia, como também proporciona um fluxo de receitas adicional para os proprietários de sistemas de energia solar, tornando os investimentos em energia solar mais atractivos do ponto de vista económico.

A integração das energias renováveis é outra vantagem significativa do armazenamento de energia. A energia solar, juntamente com outras fontes renováveis intermitentes como o vento, pode registar flutuações na produção devido às alterações das condições meteorológicas. Os sistemas de armazenamento de energia ajudam a atenuar estas flutuações, armazenando o excesso de energia quando a produção excede a procura e descarregando-a quando a produção é insuficiente. Isto assegura um fornecimento de energia estável e fiável, facilitando a integração das fontes de energia renováveis na rede. Ao amortecer a variabilidade da produção renovável, o armazenamento de energia contribui para um sistema energético mais estável e resiliente, permitindo uma maior quota de energias renováveis no cabaz energético.

A otimização de sistemas híbridos envolve a utilização de armazenamento de energia em sistemas híbridos de energia solar que combinam energia solar com outras fontes de energia, como geradores eólicos ou a gasóleo. Nestes sistemas, o armazenamento de energia ajuda a equilibrar dinamicamente as contribuições de diferentes fontes com base em factores como as condições meteorológicas, os preços da energia e as restrições do sistema. Por exemplo, durante os períodos de baixa produção solar, o armazenamento de energia pode ser utilizado para complementar a energia dos geradores eólicos ou dos motores a gasóleo, assegurando um fornecimento de energia contínuo e fiável. Inversamente, em períodos de elevada produção solar, o armazenamento pode ser utilizado para reduzir a dependência de outras fontes de produção. Esta otimização aumenta a eficiência e o desempenho globais dos sistemas híbridos, tornando-os mais versáteis e adaptáveis a condições variáveis.

A otimização do armazenamento de energia maximiza o valor e o impacto dos sistemas de energia solar através de uma série de estratégias que aumentam a fiabilidade, reduzem os custos e melhoram a estabilidade da rede. Ao empregar técnicas como o desvio de carga, a estabilização da rede, a otimização do tempo de utilização, a integração de energias renováveis e a otimização de sistemas híbridos, as partes interessadas podem libertar todo o potencial da energia solar e conduzir a transição para um futuro energético mais sustentável e renovável. Estas estratégias não só melhoram o desempenho e a viabilidade económica dos sistemas de energia solar, como também contribuem para uma infraestrutura energética mais resistente e eficiente, apoiando a mudança global para soluções energéticas mais limpas e sustentáveis.

8 Integração da visão computacional e da inteligência artificial

A integração da visão por computador e da inteligência artificial representa uma abordagem revolucionária no avanço de várias aplicações, nomeadamente na produção de energia solar. Esta sinergia tem um impacto particular no contexto da energia solar, onde melhora a previsão, a monitorização e a otimização dos sistemas de energia solar através da análise avançada de dados e da automatização.

A visão computacional desempenha um papel crucial ao permitir a análise de imagens de satélite e de dados terrestres para extrair informações valiosas sobre os factores que afectam a produção de energia solar. As imagens de satélite podem fornecer uma visão alargada da irradiância solar, da cobertura de nuvens e dos padrões de sombreamento em grandes áreas. Utilizando algoritmos de processamento de imagem, as técnicas de visão por computador podem detetar e classificar padrões nestes dados visuais. Por exemplo, a cobertura de nuvens e as condições atmosféricas podem ser monitorizadas para avaliar o seu impacto nos níveis de irradiância solar. Esta capacidade permite avaliações pormenorizadas de factores ambientais, incluindo a identificação de objectos que causam sombra e a compreensão dos seus potenciais impactos na produção de energia. A análise de imagens terrestres, como as obtidas por drones ou câmaras fixas, pode melhorar ainda mais a compreensão das condições específicas do local, como a sujidade nos painéis solares ou problemas estruturais que possam afetar o desempenho. Ao extrair e interpretar estes dados visuais, a visão computacional fornece uma compreensão abrangente do recurso solar, permitindo uma tomada de decisões mais informada relativamente à gestão do sistema de energia solar.

A inteligência artificial, que engloba modelos de aprendizagem automática (ML) e aprendizagem profunda, complementa a visão por computador, analisando vastos conjuntos de dados para descobrir relações e padrões complexos. Os algoritmos de aprendizagem automática podem ser treinados em dados históricos de energia solar, padrões climáticos e outras variáveis relevantes para prever a produção de energia solar com elevada precisão e granularidade. Por exemplo, os modelos de aprendizagem supervisionada podem prever a produção de energia solar com base em caraterísticas como a hora do dia, as condições meteorológicas e o desempenho histórico, enquanto os modelos de aprendizagem profunda podem captar padrões mais complexos através das suas múltiplas camadas de abstração. Estes modelos podem ser aperfeiçoados para melhorar as suas capacidades de previsão, utilizando dados da análise de visão computacional para aumentar a precisão das previsões. Esta capacidade de processar e interpretar grandes volumes de dados permite à inteligência artificial gerar previsões detalhadas da produção de energia solar, otimizar estratégias de gestão de energia e ajustar-se a condições ambientais variáveis.

A integração da visão por computador e da inteligência artificial cria benefícios sinérgicos para a previsão e otimização da energia solar. A visão por computador fornece dados ricos e detalhados que os modelos de aprendizagem automática podem utilizar para aperfeiçoar as suas previsões. Por exemplo, as imagens de satélite em tempo real processadas através da visão por computador podem fornecer informações actualizadas sobre os movimentos das nuvens, que os modelos de aprendizagem automática podem incorporar nas suas previsões para aumentar a precisão. Esta integração facilita a automatização da análise de dados, permitindo um processamento mais eficiente de conjuntos de dados em grande escala e a extração de informações úteis. Ao tirar partido destas informações, as partes interessadas podem tomar decisões baseadas em dados para otimizar a produção de energia solar, melhorar a estabilidade da rede e melhorar o desempenho geral do sistema.

A monitorização e o controlo em tempo real são as principais vantagens desta integração. Os sistemas de visão por computador podem analisar continuamente dados visuais, como o controlo da cobertura de nuvens e das variações da irradiância solar, enquanto os modelos de inteligência artificial ajustam dinamicamente os parâmetros do sistema com base nestas observações. Por exemplo, se a visão por computador detetar um aumento súbito da cobertura de nuvens, os algoritmos de aprendizagem automática podem ajustar os ângulos de inclinação dos painéis solares ou modificar as estratégias de armazenamento de energia para compensar a redução da entrada de energia solar. Esta abordagem adaptativa garante que os sistemas de energia solar permaneçam eficientes e reajam às alterações das condições ambientais, maximizando assim o rendimento energético e melhorando a fiabilidade.

Além disso, esta integração suporta a manutenção preditiva avançada e a otimização operacional. A visão por computador pode detetar anomalias ou degradação nos painéis solares, como fissuras ou acumulação de sujidade, que podem então ser assinaladas para manutenção. Os modelos de inteligência artificial podem analisar o impacto destes problemas na produção de energia e dar prioridade às actividades de manutenção em conformidade. Ao prever potenciais falhas e otimizar os planos de manutenção, esta abordagem integrada ajuda a prolongar a vida útil do equipamento solar e a reduzir os custos operacionais.

A integração da visão por computador e da inteligência artificial oferece benefícios transformadores para o sector da energia solar. Ao combinar a análise detalhada de dados visuais com a modelação preditiva avançada, as partes interessadas podem melhorar a eficiência, a fiabilidade e a escalabilidade dos sistemas de energia solar. Esta integração não só melhora a produção de energia solar e a estabilidade da rede, como também acelera a transição para um futuro energético mais sustentável e renovável. O aproveitamento do poder destas tecnologias avançadas abre novas oportunidades para otimizar os sistemas de energia solar, contribuindo, em última análise, para um panorama energético mais limpo e mais resistente.

9 Fusão e integração de dados

A fusão e a integração de dados são fundamentais para aumentar a precisão e a eficácia da previsão e otimização da energia solar. Estes processos são essenciais para transformar fontes de informação díspares num quadro coeso e acionável, melhorando assim o desempenho global e a fiabilidade dos sistemas de energia solar.

A fusão de dados envolve a combinação de informações de fontes múltiplas e heterogéneas para criar um conjunto de dados mais abrangente e fiável. No contexto da energia solar, isto pode incluir a integração de imagens de satélite, dados meteorológicos, medições de sensores e registos históricos. Por exemplo, as imagens de satélite fornecem dados amplos e de alto nível sobre a cobertura de nuvens, a irradiância solar e as condições atmosféricas, enquanto os sensores terrestres oferecem medições localizadas e em tempo real da radiação solar e dos factores ambientais. Ao fundir estas diversas fontes de dados, as partes interessadas podem obter uma compreensão mais matizada e exacta do recurso solar. Este conjunto de dados abrangente permite previsões mais precisas da produção de energia, o que é crucial para uma integração eficaz da rede e para a gestão da energia. Por exemplo, as imagens de satélite podem realçar os padrões meteorológicos em grande escala que afectam a irradiância solar, enquanto os sensores terrestres podem fornecer dados pormenorizados e específicos do local sobre o sombreamento e os efeitos atmosféricos. A combinação destas fontes de dados ajuda a desenvolver uma avaliação mais precisa e fiável do potencial de energia solar.

A integração, por outro lado, refere-se à fusão de vários conjuntos de dados num quadro unificado para análise e tomada de decisões. Este processo garante que todos os dados relevantes são harmonizados e podem ser analisados coletivamente. Nos sistemas de energia solar, a integração envolve frequentemente o alinhamento de dados de diferentes domínios, tais como sistemas de armazenamento de energia, infra-estruturas de rede e comportamento do consumidor. Ao criar um quadro unificado, as partes interessadas podem realizar análises abrangentes que considerem vários factores em simultâneo. Por exemplo, a integração de dados de sistemas de armazenamento de energia com dados de produção de energia solar permite estratégias mais eficazes de despacho e armazenamento de energia. Esta visão holística permite uma gestão optimizada dos recursos energéticos, melhorando a eficiência e a fiabilidade da produção de energia solar.

O poder combinado da fusão e integração de dados facilita o desenvolvimento de modelos preditivos avançados utilizando técnicas de aprendizagem automática e estatísticas. Os algoritmos de aprendizagem automática treinados em conjuntos de dados fundidos podem revelar relações e padrões complexos que podem passar despercebidos quando se analisam fontes de dados individuais isoladamente. Estes modelos podem prever a produção de energia solar com elevada resolução temporal e espacial, permitindo previsões mais exactas e tomadas de decisão mais bem informadas. Por exemplo, os modelos de aprendizagem automática podem analisar dados históricos de irradiância solar juntamente com condições meteorológicas em tempo real para prever a produção solar futura. Esta capacidade é particularmente valiosa para otimizar a gestão da energia e garantir a estabilidade da rede, uma vez que permite ajustes antecipados com base em alterações previstas na produção e procura de energia.

Além disso, a fusão e a integração de dados apoiam a monitorização contínua e os ciclos de feedback, que são cruciais para a gestão adaptativa dos sistemas de energia solar. Ao integrar dados de várias fontes, as partes interessadas podem implementar estratégias de controlo dinâmicas que respondam às mudanças das condições ambientais e da procura de energia. Por exemplo, os dados dos sistemas de armazenamento de energia, da infraestrutura da rede e do comportamento dos consumidores podem ser continuamente monitorizados e analisados para otimizar o despacho, o armazenamento e a distribuição de energia. Este ciclo de feedback em tempo real garante que os sistemas de energia solar se podem adaptar às flutuações da produção e da procura de energia solar, maximizando assim a eficiência e a fiabilidade.

Uma aplicação prática desta abordagem é a otimização do armazenamento de energia e da integração na rede. Ao fundir dados sobre a produção de energia solar, previsões meteorológicas e condições da rede, as partes interessadas podem desenvolver modelos sofisticados que gerem o armazenamento de energia de forma mais eficaz. Por exemplo, os modelos preditivos podem determinar os momentos ideais para carregar ou descarregar as baterias com base na produção solar prevista e na procura da rede, melhorando o desempenho geral do sistema. Da mesma forma, a integração de dados do comportamento do consumidor e dos padrões de consumo de energia permite uma previsão de carga mais precisa e estratégias de resposta à procura, melhorando ainda mais a estabilidade da rede.

A fusão e integração de dados são componentes essenciais dos modernos sistemas de energia solar. Permitem uma compreensão holística dos factores que influenciam a irradiação solar, a produção de energia e o desempenho do sistema. Combinando diversos conjuntos de dados e empregando análises avançadas, as partes interessadas podem obter previsões mais precisas, otimizar a gestão da energia e melhorar a estabilidade da rede. Esta abordagem integrada não só aumenta a eficiência e a fiabilidade dos sistemas de energia solar, como também acelera a transição para um futuro de energia sustentável e renovável. A utilização destas técnicas permite às partes interessadas tomar decisões mais informadas, otimizar a utilização de recursos e, em última análise, contribuir para uma infraestrutura energética mais limpa e mais resistente.

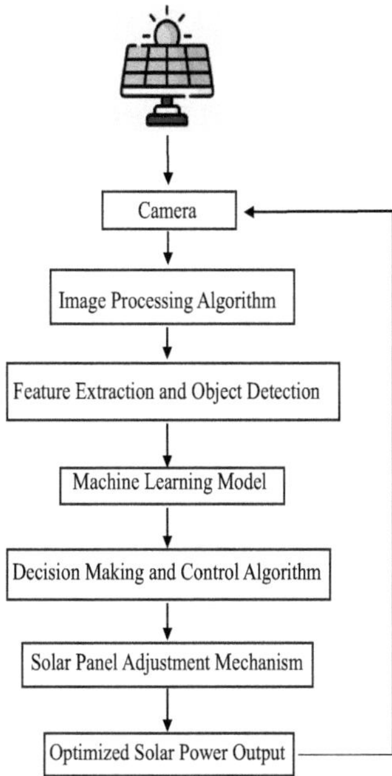

Figura 1. Fluxograma da integração da visão por computador e da inteligência artificial

10 Formação e avaliação de modelos

A formação e avaliação de modelos são fundamentais para o desenvolvimento de modelos de previsão precisos e fiáveis para a produção de energia solar. Estes processos são cruciais para garantir que os modelos podem efetivamente prever a produção de energia solar com base em dados históricos e em tempo real.

O treino de modelos envolve a utilização sistemática de dados históricos para construir e aperfeiçoar modelos de previsão. Estes dados incluem normalmente a irradiância solar, as condições climatéricas, a produção de energia e outras variáveis relevantes. O processo de treino começa com a divisão dos dados disponíveis em dois subconjuntos principais: um conjunto de treino e um conjunto de validação. O conjunto de treino é utilizado para ensinar o modelo a reconhecer padrões e relações nos dados. Durante esta fase, podem ser utilizados vários algoritmos de aprendizagem automática, incluindo técnicas de regressão, árvores de decisão, máquinas de vectores de apoio e redes neuronais, cada um com os seus pontos fortes e adequação, dependendo da natureza dos dados e da tarefa de previsão.

Os algoritmos de regressão são frequentemente utilizados para modelar a relação contínua entre as caraterísticas de entrada e a variável-alvo, como a produção de energia solar. As árvores de decisão proporcionam uma abordagem não linear, tomando decisões com base numa série de perguntas, o que pode ser benéfico para captar interações complexas entre caraterísticas. **As máquinas de vectores de apoio** visam encontrar o hiperplano ótimo que separa os pontos de dados em diferentes classes ou prevê um objetivo contínuo. **As redes neuronais**, em especial os modelos de aprendizagem profunda, são utilizadas pela sua capacidade de modelar padrões e relações complexas através de várias camadas de abstração.

Para melhorar o desempenho destes algoritmos, são aplicadas técnicas **de afinação de hiperparâmetros** e **de seleção de caraterísticas**. A afinação de hiperparâmetros envolve o ajuste dos parâmetros dos algoritmos de aprendizagem automática para encontrar as definições óptimas que produzem o melhor desempenho. A seleção de caraterísticas consiste em identificar e selecionar as caraterísticas mais relevantes dos dados, o que pode ter um impacto significativo na precisão e eficiência do modelo. Técnicas como a pesquisa em grelha ou a pesquisa aleatória são normalmente utilizadas para a afinação de hiperparâmetros, enquanto métodos como a eliminação recursiva de caraterísticas ou a regularização podem ser utilizados para a seleção de caraterísticas.

Após a fase de formação, **a avaliação do modelo** é crucial para avaliar o desempenho e a exatidão do modelo de previsão. Normalmente, isto é feito testando o modelo num conjunto de dados separado, conhecido como conjunto de dados de teste, que não foi visto pelo modelo durante a formação. Esta avaliação ajuda a determinar a capacidade de generalização do modelo a dados novos e não vistos. As métricas de avaliação comuns utilizadas na previsão de energia solar incluem o erro absoluto médio (MAE), o erro quadrático médio (RMSE), o coeficiente de determinação (R^2) e o erro percentual absoluto médio (MAPE). O MAE mede os erros absolutos médios entre os valores previstos e reais, fornecendo uma avaliação direta da precisão do modelo. O RMSE, por outro lado, penaliza mais fortemente os erros maiores, o que pode ser útil para identificar modelos que são menos robustos a outliers. R^2 indica a proporção da variância explicada pelo modelo, reflectindo a forma como o modelo capta as tendências subjacentes dos dados. O MAPE fornece uma medida de erro baseada em percentagem, que pode ser útil para compreender o desempenho do modelo relativamente à escala das previsões.

As técnicas **de validação** cruzada, como a validação cruzada k-fold, são frequentemente utilizadas para validar ainda mais o desempenho do modelo. Esta técnica consiste em dividir o conjunto de dados em k subconjuntos ou dobras. O modelo é treinado em k-1 dessas dobras e testado na dobra restante. Este processo é repetido k vezes, com cada dobra a servir de conjunto de teste uma vez. A validação cruzada ajuda a garantir que o desempenho do modelo é robusto e consistente em diferentes subconjuntos de dados, reduzindo o risco de sobreajuste e fornecendo uma avaliação mais abrangente da sua capacidade de generalização.

O aperfeiçoamento iterativo do modelo é um processo contínuo que pode envolver o ajuste de hiperparâmetros, o aperfeiçoamento da seleção de caraterísticas e a exploração de diferentes algoritmos para melhorar o desempenho. Cada iteração permite a identificação e correção de deficiências descobertas durante a fase de avaliação. Ao aperfeiçoar continuamente o modelo, as partes interessadas podem melhorar a sua precisão e fiabilidade preditivas, conduzindo, em última análise, a uma previsão mais eficaz da produção de energia solar.

A formação e avaliação de modelos são processos iterativos e multifacetados que exigem uma atenção cuidadosa à qualidade dos dados, à seleção de caraterísticas, à escolha de algoritmos e às métricas de avaliação. Ao aplicar sistematicamente estas práticas, as partes interessadas podem desenvolver modelos de previsão precisos e fiáveis para a produção de energia solar. Estes modelos desempenham um papel crucial na otimização da gestão da energia, na melhoria da estabilidade da rede e no avanço da eficácia global dos sistemas de energia solar, contribuindo para um futuro energético mais sustentável e eficiente.

11 Sistemas de controlo preditivo em tempo real

Os sistemas de controlo preditivo em tempo real representam um avanço sofisticado na otimização e gestão da produção de energia solar, utilizando uma combinação de modelação preditiva e dados em tempo real para fazer ajustes dinâmicos e garantir o funcionamento eficiente dos sistemas de energia solar. Estes sistemas são concebidos para lidar com a variabilidade e complexidade inerentes à produção de energia solar, com o objetivo de maximizar o rendimento energético, mantendo a estabilidade da rede e a eficiência económica.

No centro dos sistemas de controlo preditivo em tempo real estão **modelos preditivos** que são treinados com base em dados históricos extensos e continuamente actualizados com informações em tempo real. Estes modelos integram dados sobre a irradiância solar, condições climatéricas, procura de energia e estado da rede para prever futuros padrões de produção e consumo de energia. Os dados históricos fornecem uma base para compreender as tendências típicas da produção de energia solar e os efeitos de vários factores ambientais. Ao incorporar dados em tempo real, os modelos de previsão podem ter em conta as condições actuais e antecipar alterações a curto prazo. Por exemplo, actualizações em tempo real sobre a cobertura de nuvens, a temperatura e a irradiância solar são introduzidas no modelo para aperfeiçoar as previsões de produção de energia. Isto permite que o sistema tome decisões proactivas com base em condições futuras antecipadas, em vez de se basear apenas em padrões históricos.

Os algoritmos de controlo utilizam as previsões fornecidas por estes modelos preditivos para otimizar vários aspectos da produção de energia solar em tempo real. Uma das principais aplicações é o **ajuste do ângulo de inclinação** dos painéis solares. Os painéis solares são normalmente posicionados num ângulo que maximiza a produção anual de energia, mas este ângulo pode nem sempre ser o ideal para as variações diárias ou sazonais da luz solar. Os sistemas de controlo preditivo podem ajustar dinamicamente os ângulos dos painéis com base na previsão da irradiação solar para garantir que os painéis estão sempre orientados para captar a quantidade máxima de luz solar. Este ajuste em tempo real melhora a eficiência global do sistema de energia solar.

Outro aspeto crítico é a **gestão dos sistemas de armazenamento de energia**. O armazenamento de energia, como as baterias, é essencial para armazenar o excesso de energia gerada durante os períodos de alta produção solar e descarregá-la durante os períodos de baixa produção. Os sistemas de controlo preditivo utilizam previsões de produção e consumo de energia para otimizar os ciclos de carga e descarga dos sistemas de armazenamento de energia. Por exemplo, se o modelo prevê que a produção de energia excederá a demanda durante o dia, o sistema pode direcionar o excesso de energia para o armazenamento. Por outro lado, se for prevista uma procura elevada, o sistema pode garantir que a energia armazenada está disponível para satisfazer essa procura. Isto ajuda a equilibrar a oferta e a procura, aumentando a estabilidade da rede e reduzindo a dependência de fontes de energia de reserva.

A gestão do fluxo de eletricidade para a rede é outra área em que os sistemas de controlo preditivo em tempo real se destacam. Ao prever tanto a produção de energia solar como a procura de energia da rede, estes sistemas podem gerir a quantidade de eletricidade que é introduzida na rede num determinado momento. Durante os períodos de elevada produção solar e baixa procura, o sistema pode decidir armazenar o excesso de energia ou redireccioná-la para satisfazer a procura futura, em vez de sobrecarregar a rede com eletricidade excedentária. Isto optimiza a integração na rede e ajuda a manter um fornecimento de energia estável e fiável.

Os mecanismos de feedback são essenciais para a funcionalidade dos sistemas de controlo preditivo em tempo real. Estes mecanismos envolvem a monitorização contínua do desempenho do sistema e o ajuste de modelos e estratégias de controlo com base nos dados e resultados observados. Por exemplo, se a produção real de energia se desviar dos valores previstos, o sistema pode atualizar os seus modelos preditivos e ajustar as suas estratégias de controlo em conformidade. Este ciclo de feedback garante que o sistema se mantém adaptável a condições variáveis e incertezas, melhorando o seu desempenho e precisão ao longo do tempo. Ao aprender com o desempenho passado e ao incorporar novos dados, os sistemas de controlo preditivo em tempo real podem aperfeiçoar as suas previsões e processos de tomada de decisão, conduzindo a uma gestão mais eficaz e eficiente da energia solar.

Em geral, os sistemas de controlo preditivo em tempo real desempenham um papel crucial na otimização da produção de energia solar. Ao tirar partido dos modelos preditivos e dos dados em tempo real, estes sistemas podem tomar decisões informadas e proactivas que aumentam a eficiência energética, melhoram a estabilidade da rede e maximizam os benefícios económicos. Representam um avanço significativo na tecnologia de energia solar, permitindo uma gestão mais eficaz dos recursos de energia solar e contribuindo para o objetivo mais amplo de transição para um futuro de energia sustentável e renovável. medida que estes sistemas continuam a evoluir e a integrar-se noutras tecnologias avançadas, desempenharão um papel cada vez mais importante na definição do futuro da produção e consumo de energia.

12 CONTROLO E MANUTENÇÃO DO DESEMPENHO

A monitorização e a manutenção do desempenho são essenciais para sustentar a eficiência, a fiabilidade e a longevidade dos sistemas de energia solar, garantindo que funcionam no seu potencial máximo durante o seu tempo de vida operacional. Estes processos englobam uma abordagem abrangente à gestão e otimização dos sistemas de energia solar, envolvendo uma supervisão contínua, uma análise sistemática e uma intervenção proactiva.

A monitorização do desempenho é a base de uma gestão eficaz do sistema de energia solar. Envolve a recolha e análise sistemáticas de uma série de métricas relacionadas com o funcionamento e os resultados do sistema. Os principais indicadores de desempenho incluem os níveis de irradiação solar, que medem a quantidade de luz solar que chega aos painéis solares, a produção de energia, que quantifica a quantidade de eletricidade gerada, e a eficiência do sistema, que avalia a eficácia com que o sistema converte a luz solar em energia utilizável. Para além destas métricas fundamentais, os sistemas de monitorização seguem os parâmetros de saúde do equipamento, como a temperatura, a tensão e a corrente, para garantir que todos os componentes funcionam dentro dos seus intervalos de funcionamento ideais.

Os sistemas avançados de monitorização do desempenho integram frequentemente fontes de dados adicionais para aumentar a sua eficácia. As previsões meteorológicas e os dados históricos são cruciais para fornecer um contexto mais alargado para compreender as tendências de desempenho e antecipar potenciais problemas. Por exemplo, os dados meteorológicos podem ajudar a prever a forma como condições variáveis como a cobertura de nuvens, a precipitação ou as flutuações de temperatura podem afetar a produção de energia. Esta informação é utilizada para ajustar as expectativas e otimizar o desempenho do sistema em resposta à alteração das condições ambientais. Ao tirar partido de uma monitorização tão abrangente, as partes interessadas obtêm informações valiosas sobre as flutuações a curto prazo e as tendências de desempenho a longo prazo, facilitando melhores decisões de gestão e planeamento estratégico.

A manutenção de rotina é um componente vital que complementa a monitorização do desempenho. Envolve verificações e intervenções regulares para garantir que o sistema permanece em condições óptimas. A limpeza dos painéis solares é uma das tarefas de manutenção mais comuns, uma vez que o pó, a sujidade e os detritos podem acumular-se e obstruir a luz solar, reduzindo a eficiência dos painéis. A frequência da limpeza depende de factores ambientais, como os níveis de poeira locais, a precipitação e o ângulo dos painéis. Além disso, a inspeção das ligações eléctricas e dos componentes do sistema é essencial para identificar sinais de desgaste ou danos. A corrosão, as ligações soltas ou a degradação da cablagem podem levar a uma redução do desempenho ou a riscos de segurança. A manutenção preventiva de componentes críticos, como inversores, baterias e controladores de carga, também é crucial. Os inversores, que convertem corrente contínua (CC) em corrente alternada (CA), são particularmente propensos ao desgaste e requerem verificações regulares para garantir o seu funcionamento correto. As baterias, que armazenam o excesso de energia para utilização quando a luz solar é insuficiente, também requerem manutenção para garantir a sua longevidade e desempenho.

Para além da manutenção de rotina, os dados de monitorização do desempenho podem revelar oportunidades de otimização do sistema e de melhoria da eficiência. A análise dos dados de desempenho pode revelar ineficiências na conceção do sistema ou nas práticas operacionais. Por exemplo, se os dados de desempenho indicarem que certos painéis têm um desempenho consistentemente inferior, isso pode sugerir problemas com a orientação ou sombreamento dos painéis que precisam de ser resolvidos. Da mesma forma, se os dados mostrarem que a produção de energia é inferior ao esperado, isso pode levar a uma revisão da configuração do sistema ou à implementação de ajustes operacionais para aumentar a eficiência.

A manutenção preditiva representa uma estratégia avançada que tira maior partido dos dados de monitorização do desempenho. Através da análise de tendências e padrões nos dados, as técnicas de manutenção preditiva podem antecipar potenciais problemas antes que estes resultem em falhas do sistema ou tempos de inatividade significativos. Os algoritmos de aprendizagem automática e a análise preditiva podem identificar sinais de alerta precoce de falha do equipamento, tais como desvios das gamas de temperatura normais ou padrões de tensão invulgares. Esta abordagem proactiva permite que os operadores resolvam os problemas antes que estes se agravem, minimizando o tempo de inatividade e reduzindo os custos de reparação. Por exemplo, se a análise de dados previr que é provável que um inversor falhe dentro de um determinado período de tempo, os operadores podem programar a manutenção ou substituição antes de o inversor deixar de funcionar, evitando assim interrupções não planeadas na produção de energia.

A monitorização do desempenho e a manutenção são cruciais para maximizar a eficiência e o retorno do investimento dos sistemas de energia solar. A monitorização regular garante que quaisquer desvios do desempenho esperado sejam prontamente identificados, permitindo acções corretivas atempadas. As actividades de manutenção, tanto de rotina como preditivas, ajudam a manter o funcionamento ideal do sistema e a prolongar a vida útil dos componentes críticos. Ao integrar tecnologias avançadas de monitorização e estratégias de manutenção preditiva, as partes interessadas podem aumentar a fiabilidade dos sistemas de energia solar, reduzir os custos operacionais e contribuir para o sucesso global dos projectos de energia solar. Estes esforços apoiam o objetivo mais amplo de transição para fontes de energia sustentáveis e renováveis, garantindo que os sistemas de energia solar continuam a fornecer energia limpa e eficiente nos próximos anos.

13 Deteção de anomalias através de visão computacional

A deteção de anomalias utilizando visão computacional está a revolucionar a manutenção e gestão de sistemas de energia solar, fornecendo capacidades avançadas para identificar e resolver potenciais problemas antes que estes se agravem. Esta tecnologia utiliza algoritmos sofisticados de análise de imagem para monitorizar e avaliar dados visuais captados de várias fontes, como drones, sensores aéreos e câmaras de vigilância, para detetar padrões invulgares ou inesperados que possam indicar falhas ou ineficiências na infraestrutura de energia solar.

Nos sistemas de energia solar, uma das principais aplicações da visão computacional para a deteção de anomalias é a inspeção de painéis solares. Drones equipados com câmaras de alta resolução podem sobrevoar parques solares, capturando imagens detalhadas de painéis solares. Os algoritmos de visão computacional analisam então essas imagens para identificar anomalias como fissuras, lascas ou sujidade nos painéis. As fissuras ou defeitos podem comprometer a eficiência da conversão de energia, reduzindo a quantidade de luz solar que pode ser convertida em eletricidade. Da mesma forma, a sujidade causada por pó, sujidade ou excrementos de aves pode reduzir significativamente a produção de energia. Ao comparar imagens tiradas ao longo do tempo, estes algoritmos podem detetar alterações no estado dos painéis, destacando as áreas que necessitam de manutenção ou reparação. A deteção precoce de tais anomalias permite uma intervenção rápida, evitando danos mais graves e garantindo que os painéis solares funcionam com uma eficiência óptima.

Para além dos próprios painéis, a visão computacional também é utilizada para monitorizar o desempenho e o estado dos componentes críticos da infraestrutura de um sistema de energia solar. Isso inclui inversores, transformadores e conexões elétricas, todos essenciais para o bom funcionamento do sistema. As câmaras de vigilância colocadas em locais estratégicos à volta do parque solar captam imagens de vídeo que são analisadas por algoritmos de visão por computador para detetar sinais de potenciais problemas. Por exemplo, os algoritmos podem identificar sinais de sobreaquecimento, tais como anomalias térmicas ou descoloração, que podem indicar que um inversor ou transformador está a funcionar mal. A corrosão nas ligações eléctricas também pode ser detectada através de uma inspeção visual, o que, de outra forma, poderia passar despercebido até conduzir a uma avaria. Ao fornecer monitorização e análise em tempo real, a visão computacional facilita a deteção precoce desses problemas, permitindo que as equipas de manutenção os resolvam antes que causem interrupções operacionais significativas ou riscos de segurança.

Outra aplicação crucial da visão computacional nos sistemas de energia solar é a monitorização das condições ambientais que afectam o desempenho dos painéis solares. O sombreamento de estruturas próximas, vegetação ou outras obstruções pode afetar a quantidade de luz solar que chega aos painéis, reduzindo assim a sua eficiência. As técnicas de visão por computador analisam imagens e filmagens de vídeo para detetar e seguir as alterações nos padrões de sombreamento. Por exemplo, se um novo edifício for construído perto do parque solar ou se a vegetação começar a lançar sombras sobre os painéis, estas alterações podem ser detectadas e avaliadas. Ao alertar os operadores para estas alterações ambientais, a visão por computador ajuda a ajustar a colocação dos painéis ou a gerir a vegetação para minimizar o impacto na produção de energia.

A integração da visão computacional para a deteção de anomalias em sistemas de energia solar não só aumenta a capacidade de identificar e resolver potenciais problemas, como também melhora a fiabilidade e a eficiência globais do sistema. A utilização de dados visuais e análises avançadas permite estratégias de manutenção proactivas que são muito superiores às abordagens reactivas tradicionais. Em vez de esperar que uma falha cause uma queda significativa na produção de energia ou leve à falha do sistema, as partes interessadas podem monitorizar continuamente o desempenho do sistema e intervir conforme necessário com base nos conhecimentos fornecidos pelos algoritmos de visão computacional.

Além de melhorar a fiabilidade do sistema, a deteção de anomalias através da visão computacional também contribui para a redução de custos. Ao identificar problemas precocemente e evitar falhas maiores, a necessidade de reparos de emergência dispendiosos e tempos de inatividade do sistema é reduzida. A manutenção pode ser programada de forma mais eficiente e os recursos podem ser alocados para tratar de problemas específicos em vez de realizar inspeções amplas e de rotina.

A visão por computador oferece uma ferramenta poderosa para melhorar a gestão e a otimização dos sistemas de energia solar. Ao utilizar técnicas avançadas de análise de imagem para detetar anomalias em painéis solares, componentes de infraestrutura e condições ambientais, as partes interessadas podem garantir que os sistemas de energia solar operem com desempenho máximo. A capacidade de monitorizar proactivamente e de resolver potenciais problemas não só melhora a fiabilidade e a eficiência do sistema, como também apoia o objetivo mais amplo de maximizar a produção de energia e de fazer avançar a adoção de tecnologias de energias renováveis.

14 Técnicas de manutenção preditiva

As técnicas de manutenção preditiva aproveitam a análise de dados e os algoritmos de aprendizagem automática para antecipar as falhas do equipamento e programar as actividades de manutenção antes de estas ocorrerem. No contexto dos sistemas de energia solar, a manutenção preditiva desempenha um papel crucial para garantir a fiabilidade e a longevidade dos painéis solares, inversores e outros componentes críticos. Podem ser aplicadas várias técnicas [45]:

- **Monitorização da condição**: A monitorização da condição é uma abordagem proactiva à manutenção que envolve a monitorização contínua da saúde do equipamento e dos parâmetros de desempenho para detetar sinais precoces de deterioração ou falha iminente. No contexto dos sistemas de energia solar, a monitorização da condição desempenha um papel crucial para garantir a fiabilidade e a eficiência dos painéis solares, inversores e componentes associados. As técnicas de monitorização do estado envolvem normalmente a instalação de sensores ou dispositivos de monitorização que recolhem dados sobre vários parâmetros, como a temperatura, a tensão, a corrente, os níveis de irradiação e as condições ambientais. Estes sensores são estrategicamente colocados em todo o sistema de energia solar para captar informações em tempo real sobre o funcionamento e o desempenho do sistema. Uma vez recolhidos os dados, estes são analisados utilizando técnicas de análise de dados para identificar padrões, tendências e anomalias que possam indicar potenciais problemas ou degradação do desempenho [46]. Por exemplo, um aumento da temperatura ou uma diminuição da tensão de saída para além dos parâmetros normais de funcionamento pode indicar um sobreaquecimento ou uma degradação da eficiência do painel solar. Os métodos avançados de análise de dados, incluindo a análise estatística, a aprendizagem automática e os algoritmos de reconhecimento de padrões, são utilizados para analisar os dados e identificar indicadores precoces de mau funcionamento ou falha do equipamento. Os modelos de aprendizagem automática podem aprender com dados históricos para prever o desempenho futuro e estimar a probabilidade de falha do equipamento com base nas condições actuais. A monitorização do estado do equipamento permite que os operadores detectem problemas precocemente, antes que estes se transformem em avarias dispendiosas ou tempo de inatividade. Ao identificar os problemas de forma proactiva, as actividades de manutenção podem ser programadas com antecedência, minimizando as interrupções na produção de energia e optimizando a fiabilidade do sistema. Além disso, a monitorização do estado permite estratégias de manutenção preditiva, em que as actividades de manutenção são realizadas com base no estado real do equipamento e não num calendário fixo. Esta abordagem maximiza o tempo de vida útil do equipamento, reduz os custos de manutenção e assegura o funcionamento contínuo dos sistemas de energia solar [47].

- **Deteção de anomalias**: A deteção de anomalias é uma técnica utilizada para identificar padrões invulgares, valores anómalos ou desvios do comportamento esperado num conjunto de dados. No contexto dos sistemas de energia solar, a deteção de anomalias desempenha um papel crucial na identificação de condições ou eventos anormais que podem indicar potenciais falhas do equipamento, degradação do desempenho ou problemas operacionais. As técnicas de deteção de anomalias envolvem normalmente a análise de dados históricos recolhidos a partir de sensores, dispositivos de monitorização ou outras fontes dentro do sistema de energia solar. Estes dados podem incluir parâmetros como níveis de irradiação solar, temperatura, tensão, corrente e métricas de produção de energia. Uma vez recolhidos os dados, podem ser aplicados vários métodos estatísticos, algoritmos de aprendizagem automática e técnicas de reconhecimento de padrões para detetar anomalias. Estas técnicas têm como objetivo identificar padrões ou comportamentos que diferem significativamente da norma ou do comportamento esperado no conjunto de dados. Por exemplo, os algoritmos de deteção de anomalias podem identificar picos ou quedas súbitas nos níveis de irradiância solar que não são consistentes com os padrões meteorológicos normais. Do mesmo modo, as anomalias nas leituras de temperatura ou tensão podem indicar potenciais avarias do equipamento ou degradação do desempenho. As abordagens de aprendizagem automática, como os modelos de agrupamento, classificação e deteção de anomalias (por exemplo, Isolation Forest, One-Class SVM, Autoencoders) podem ser treinadas em dados históricos para reconhecer as condições normais de funcionamento e assinalar os desvios a esses padrões como anomalias [48].

  Uma vez detectadas as anomalias, os operadores podem tomar as medidas adequadas para investigar e resolver as causas subjacentes. Isto pode envolver a realização de diagnósticos adicionais, a execução de actividades de manutenção ou o ajuste das definições do sistema para mitigar o problema. Ao identificar anomalias precocemente, as técnicas de deteção de anomalias permitem estratégias de manutenção proactivas, ajudando a evitar falhas dispendiosas do equipamento, a minimizar o tempo de inatividade e a otimizar a fiabilidade e o desempenho do sistema. A deteção de anomalias é uma ferramenta poderosa para garantir a fiabilidade e a eficiência dos sistemas de energia solar, detectando condições ou eventos anormais que podem afetar o funcionamento e o desempenho do sistema. Tirando partido de técnicas avançadas de análise de dados, os operadores podem identificar e resolver proactivamente potenciais problemas, garantindo o funcionamento contínuo e a eficácia das instalações de energia solar [49].

- **Previsão de falhas**: A previsão de avarias é uma estratégia de manutenção proactiva que visa prever as avarias do equipamento antes de estas ocorrerem, com base na análise de dados históricos, leituras de sensores e outros parâmetros relevantes. No contexto dos sistemas de energia solar, a previsão de falhas desempenha um papel fundamental para garantir a fiabilidade do sistema, minimizar o tempo de inatividade e otimizar os esforços de manutenção. As técnicas de previsão de falhas envolvem normalmente a utilização de algoritmos de aprendizagem automática para analisar registos históricos de manutenção, dados de sensores e parâmetros operacionais para identificar padrões ou indicadores associados a falhas iminentes do equipamento. Estes algoritmos podem aprender com eventos de falha passados e correlacioná-los com condições ou tendências específicas nos dados para prever falhas futuras. Uma abordagem comum à previsão de avarias é a utilização de técnicas de aprendizagem automática supervisionada, em que os algoritmos são treinados em conjuntos de dados rotulados que contêm exemplos de condições normais e de avarias. Ao aprender com estes exemplos, os algoritmos podem identificar padrões ou anomalias nos dados que precedem os eventos de falha e utilizá-los para fazer previsões sobre falhas futuras [50]. Outra abordagem é a aprendizagem não supervisionada, em que os algoritmos são aplicados a conjuntos de dados não rotulados para identificar padrões ou grupos anómalos que possam indicar potenciais condições de falha. Esta abordagem não requer dados rotulados, mas baseia-se no pressuposto de que as falhas se manifestarão como desvios das condições normais de funcionamento. Além disso, podem ser utilizadas técnicas de análise de séries temporais para modelar o comportamento temporal dos parâmetros do equipamento e identificar tendências ou alterações ao longo do tempo que possam indicar condições de deterioração ou falhas iminentes. Uma vez feitas as previsões de falhas, podem ser tomadas medidas adequadas para prevenir ou mitigar o impacto de potenciais falhas. Isto pode envolver a programação de actividades de manutenção preventiva, a substituição de componentes desgastados ou degradados, ou a implementação de alterações operacionais para reduzir o stress no equipamento. Ao utilizar técnicas de previsão de falhas, os operadores podem identificar e resolver proactivamente potenciais problemas antes que estes se transformem em falhas dispendiosas ou tempo de inatividade, maximizando assim a fiabilidade e a eficiência dos sistemas de energia solar. Além disso, as estratégias de manutenção preditiva podem ajudar a otimizar os calendários de manutenção, reduzir os custos de manutenção e prolongar a vida útil do equipamento, melhorando assim o retorno do investimento em instalações de energia solar [51].

- **Estimativa da vida útil restante (RUL)**: A estimativa da vida útil restante (RUL) é uma técnica de manutenção preditiva utilizada para prever o tempo até que um equipamento ou sistema atinja o fim da sua vida útil operacional. No contexto dos sistemas de energia solar, a estimativa da RUL ajuda os operadores a prever quando é que componentes críticos como inversores, baterias ou painéis solares podem falhar ou necessitar de substituição, permitindo um planeamento de manutenção proactivo e a atribuição de recursos. As técnicas de estimativa de RUL envolvem normalmente a análise de dados históricos de desempenho, registos de manutenção e leituras de sensores para desenvolver modelos preditivos que prevejam o tempo de vida restante do equipamento. Estes modelos podem utilizar vários algoritmos de aprendizagem automática, métodos estatísticos e técnicas de análise de séries temporais para analisar a relação entre a degradação do equipamento, padrões de utilização, condições ambientais e eventos de falha. Uma abordagem comum à estimativa de RUL consiste em desenvolver modelos de regressão que prevêem o tempo até à falha com base em caraterísticas como a idade do equipamento, o historial de utilização, as condições de funcionamento e as métricas de desempenho. Estes modelos aprendem com dados históricos para identificar padrões e tendências associados à degradação do equipamento e utilizam-nos para prever o tempo de vida restante do equipamento [52]. Outra abordagem é a análise de sobrevivência, que modela a distribuição de probabilidade do tempo até à falha com base em dados censurados (ou seja, dados em que ainda não ocorreram eventos de falha). As técnicas de análise de sobrevivência, como a estimativa de Kaplan-Meier e a regressão de riscos proporcionais de Cox, podem ser utilizadas para estimar a probabilidade de falha do equipamento ao longo do tempo e prever a RUL de componentes individuais. Uma vez obtidas as estimativas de RUL, os operadores podem utilizar esta informação para dar prioridade às actividades de manutenção, programar substituições ou reparações e atribuir recursos de forma mais eficaz. Ao abordar proactivamente potenciais problemas antes de estes resultarem em falhas do equipamento ou tempo de inatividade, as técnicas de estimativa RUL ajudam a maximizar a fiabilidade, eficiência e longevidade dos sistemas de energia solar [53].

- **Manutenção prescritiva**: A manutenção prescritiva representa uma abordagem proactiva à gestão da manutenção que vai além da simples previsão de falhas do equipamento. No contexto dos sistemas de energia solar, a manutenção prescritiva envolve a utilização de análises preditivas e algoritmos de aprendizagem automática não só para prever quando é provável que ocorram falhas no equipamento, mas também para recomendar acções específicas para mitigar os riscos e otimizar o desempenho. Ao integrar dados históricos de desempenho, leituras de sensores em tempo real e factores ambientais, os modelos de manutenção prescritiva podem identificar calendários de manutenção ideais, dar prioridade às tarefas de manutenção e recomendar as estratégias de reparação ou substituição mais eficazes. Estas recomendações baseiam-se numa compreensão holística do estado do equipamento, das condições operacionais e dos objectivos comerciais, permitindo aos operadores tomar decisões informadas que minimizam o tempo de inatividade, reduzem os custos de manutenção e maximizam a fiabilidade e a eficiência das instalações de energia solar. Além disso, as estratégias de manutenção prescritiva permitem uma melhoria contínua, capturando o feedback das acções de manutenção e actualizando os modelos preditivos em conformidade, assegurando que os esforços de manutenção são continuamente optimizados para satisfazer as necessidades operacionais e os objectivos de desempenho em constante mudança. De um modo geral, a manutenção prescritiva permite aos intervenientes no sector da energia solar gerir proactivamente as actividades de manutenção, otimizar a atribuição de recursos e melhorar a fiabilidade e o desempenho a longo prazo dos sistemas de energia solar [54].

As técnicas de manutenção preditiva oferecem benefícios significativos para os sistemas de energia solar, reduzindo o tempo de inatividade, prolongando a vida útil do equipamento e optimizando os custos de manutenção. Ao tirar partido da análise de dados e da aprendizagem automática, os operadores podem identificar e resolver proactivamente potenciais problemas, garantindo o funcionamento contínuo e a eficiência das instalações de energia solar, como mostra a figura 2.

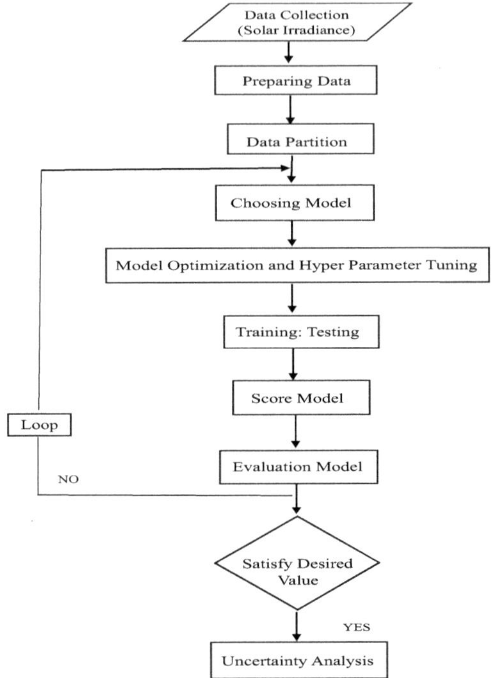

Figura 2. Fluxograma da manutenção preditiva

15 Métricas de avaliação do desempenho

As métricas de avaliação do desempenho são cruciais para avaliar a eficácia, a exatidão e a eficiência dos modelos, algoritmos e sistemas de previsão, particularmente no contexto dos sistemas de energia solar. Estas métricas oferecem informações sobre o desempenho dos modelos e técnicas, ajudando as partes interessadas a aperfeiçoar e melhorar as suas estratégias de previsão de energia, manutenção preditiva e otimização do sistema.

O erro absoluto médio (MAE) é uma das métricas mais simples utilizadas para avaliar a exatidão da previsão. O MAE mede a magnitude média dos erros entre os valores previstos e as observações reais, fornecendo uma indicação clara da proximidade das previsões em relação aos valores reais. É calculado tomando as diferenças absolutas entre cada valor previsto e o valor real, somando essas diferenças e, em seguida, calculando a média. Valores mais baixos de MAE significam um melhor desempenho do modelo, pois reflectem erros médios mais pequenos. No entanto, o MAE trata todos os erros de forma igual e não tem em conta a dimensão dos erros para além dos seus valores absolutos.

A raiz do erro quadrático médio (RMSE) amplia o conceito de MAE incorporando a raiz quadrada da média das diferenças quadráticas entre os valores previstos e reais. O RMSE penaliza erros maiores mais fortemente do que o MAE porque ele eleva os termos de erro ao quadrado antes de calcular a média. Essa caraterística faz com que o RMSE seja particularmente útil para identificar e entender outliers ou desvios significativos dos valores esperados. Embora o RMSE forneça uma medida mais sensível do desempenho do modelo quando grandes erros são preocupantes, ele pode ser influenciado pela magnitude dos erros e pode nem sempre fornecer uma representação clara da precisão média do modelo.

O Erro Percentual Absoluto Médio (MAPE) oferece uma medida relativa da precisão da previsão, calculando a diferença percentual entre os valores previstos e reais. É útil para avaliar o desempenho em diferentes escalas ou magnitudes, uma vez que normaliza o erro em relação aos valores reais. O MAPE é calculado dividindo os erros absolutos pelos valores reais, expressando o resultado como uma percentagem. Esta métrica é valiosa para comparar modelos ou previsões em diversos conjuntos de dados, mas pode não ser tão eficaz quando se trata de valores reais muito pequenos, em que os erros percentuais podem tornar-se desproporcionadamente grandes.

O coeficiente de determinação (R^2) fornece uma avaliação de quão bem o modelo explica a variação na variável dependente, como a produção de energia, com base nas variáveis independentes, como os parâmetros meteorológicos. O R^2 varia entre 0 e 1, com valores mais elevados a indicar um melhor ajuste do modelo aos dados. Um valor de R^2 de 1 implica que o modelo explica perfeitamente toda a variabilidade na variável dependente, enquanto um valor de 0 significa que o modelo não explica nenhuma da variabilidade. O R^2 é uma métrica amplamente utilizada para avaliar a qualidade do ajuste dos modelos de regressão e oferece uma visão da proporção da variância explicada pelo modelo.

A precisão, a recuperação e a pontuação F1 são métricas críticas para tarefas de classificação binária, como a deteção de anomalias ou o diagnóstico de falhas em sistemas de energia solar. **A precisão** mede a proporção de verdadeiros positivos entre todas as previsões positivas, indicando a exatidão das classificações positivas. **A recuperação** quantifica a proporção de verdadeiros positivos entre todos os positivos reais, reflectindo a capacidade do modelo para identificar instâncias positivas. A **pontuação F1** combina a precisão e a recuperação numa única métrica, calculando a sua média harmónica, fornecendo uma medida equilibrada da exatidão e da exaustividade. Estas métricas são essenciais para avaliar o desempenho dos modelos de classificação, particularmente quando os custos de falsos positivos e falsos negativos são desiguais.

A curva ROC (Receiver Operating Characteristic) e a **AUC (Area Under the Curve)** são utilizadas para avaliar o desempenho dos modelos de classificação binária em várias definições de limiar. A curva ROC representa a taxa de verdadeiros positivos em relação à taxa de falsos positivos, ilustrando as soluções de compromisso entre sensibilidade e especificidade. **A AUC** representa a área sob a curva ROC, fornecendo um valor único que resume a capacidade do modelo para discriminar entre casos positivos e negativos. Valores mais elevados de AUC indicam um melhor desempenho do modelo, uma vez que reflectem uma maior capacidade de classificar corretamente as instâncias positivas e negativas.

A Matriz de Confusão fornece uma análise abrangente do desempenho do modelo, apresentando as contagens de verdadeiros positivos, verdadeiros negativos, falsos positivos e falsos negativos. Esta matriz é valiosa para compreender os tipos e frequências de erros cometidos por um modelo, oferecendo informações detalhadas sobre o seu desempenho em diferentes categorias de classificação. Ao analisar a matriz de confusão, os intervenientes podem identificar áreas específicas em que um modelo pode necessitar de melhorias e efetuar ajustes informados para aumentar a sua precisão e eficácia.

Estas métricas de avaliação de desempenho desempenham um papel fundamental na avaliação e aperfeiçoamento de modelos preditivos, estratégias de otimização e técnicas de manutenção em sistemas de energia solar. Permitem às partes interessadas medir a precisão, identificar áreas de melhoria e tomar decisões baseadas em dados para melhorar o desempenho e a fiabilidade do sistema. Ao utilizar estas métricas, as partes interessadas podem impulsionar a melhoria contínua dos sistemas de energia solar, contribuindo, em última análise, para uma produção de energia mais eficiente, fiável e sustentável.

16 ESTUDOS DE CASOS E APLICAÇÕES

17 Estudo de caso 1: Sistema de energia solar residencial, telhado solar Tesla

A Tesla, conhecida pelos seus avanços em veículos eléctricos, deu passos significativos em soluções de energia renovável, nomeadamente através das suas ofertas de Telhado Solar e painéis solares na Califórnia. O Telhado Solar da Tesla representa uma fusão inovadora da tecnologia solar com materiais de cobertura, oferecendo uma integração perfeita da produção de energia em estruturas residenciais. Esta inovação tira partido de um conjunto de tecnologias avançadas, incluindo a visão por computador e a inteligência artificial, para melhorar a eficiência energética e otimizar a produção de energia, como mostra a figura 3.

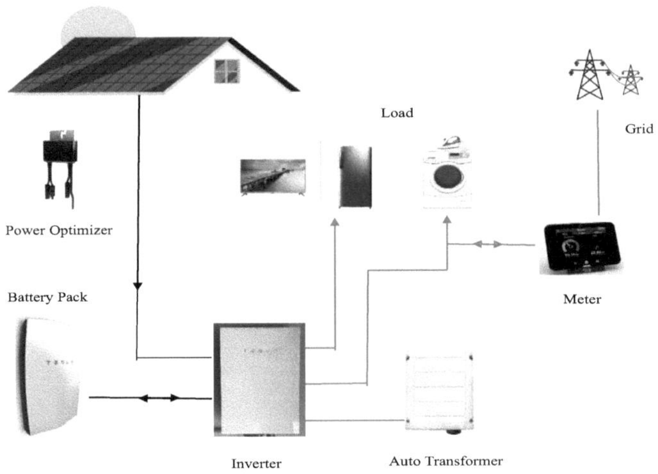

Figura 3. Telhado solar Tesla

A Visão por Computador para Conceção e Instalação desempenha um papel fundamental nas fases iniciais de implementação do Telhado Solar da Tesla. A Tesla utiliza imagens de satélite de alta resolução e cartografia aérea para analisar meticulosamente a geometria e o estado do telhado de um proprietário. Os algoritmos de visão por computador processam estes dados visuais para avaliar factores críticos, como a orientação do telhado, o sombreamento dos objectos circundantes e a disposição geral. Esta análise facilita a conceção de uma configuração de painéis solares personalizada para maximizar a captação de energia. Ao tirar partido de dados visuais detalhados, a Tesla pode otimizar a colocação de painéis solares para garantir que estão posicionados para uma exposição ideal à luz solar ao longo do dia e do ano. Esta precisão no design ajuda a melhorar a eficiência global do Telhado Solar, preparando o terreno para uma melhor produção de energia.

A modelação preditiva é outra pedra angular da abordagem da Tesla à otimização da energia solar. Os algoritmos de aprendizagem automática são treinados utilizando um conjunto de dados abrangente que inclui padrões meteorológicos históricos, condições climáticas locais e métricas de produção de energia solar anteriores. Estes modelos preditivos foram concebidos para prever a produção futura de energia solar com elevada precisão, incorporando variáveis como a cobertura de nuvens, as flutuações de temperatura, os níveis de humidade e a hora do dia. A capacidade de antecipar a produção futura de energia com base nestes factores permite à Tesla otimizar o desempenho de cada instalação de Telhado Solar. Por exemplo, ao prever períodos de baixa irradiação solar, o sistema pode ajustar as estratégias de armazenamento e consumo de energia para garantir um fornecimento estável de energia.

A monitorização e otimização em tempo real aumentam ainda mais a eficiência do telhado solar da Tesla. Assim que o sistema é instalado, os sensores incorporados nos painéis solares recolhem continuamente dados sobre a exposição à luz solar, a temperatura e outras condições ambientais. Estes dados em tempo real são transmitidos a algoritmos de aprendizagem automática, que ajustam dinamicamente o funcionamento dos painéis solares para maximizar a produção de energia com base nas condições actuais. Por exemplo, se for detectado um aumento temporário da cobertura de nuvens, o sistema pode alterar o funcionamento dos painéis ou ajustar as estratégias de armazenamento de energia para compensar a redução da produção solar. Esta capacidade de ajuste dinâmico garante que o sistema continua a responder às condições em mudança, optimizando a produção e o consumo de energia em tempo real.

A integração com os produtos Tesla Energy exemplifica a sinergia entre as tecnologias solares da Tesla e o seu ecossistema energético mais alargado. O Solar Roof foi concebido para funcionar na perfeição com o sistema de armazenamento de baterias Powerwall da Tesla e com o software de gestão de energia. Os algoritmos de inteligência artificial desempenham um papel crucial na otimização do armazenamento e distribuição da energia solar. Ao gerir o fluxo de energia entre o Telhado Solar, a Powerwall e a rede, estes algoritmos garantem que os proprietários de casas têm um fornecimento fiável de energia limpa, mesmo durante períodos de pouca luz solar ou falhas de energia. A integração destes componentes permite uma utilização eficiente da energia, reduzindo a dependência da eletricidade da rede e aumentando a fiabilidade global do sistema de energia solar.

Através da integração da visão por computador e da inteligência artificial, o sistema Solar Roof da Tesla atinge um nível de otimização que ultrapassa as instalações tradicionais de painéis solares. A capacidade de conceber configurações solares com precisão, prever a produção futura de energia e adaptar-se às condições em tempo real conduz a uma eficiência e desempenho significativamente superiores. Os proprietários de casas beneficiam de poupanças substanciais a longo prazo nas suas facturas de energia, juntamente com uma pegada ambiental reduzida devido à menor dependência de fontes de energia não renováveis.
O Solar Roof da Tesla representa uma mudança de paradigma na forma como os sistemas de energia solar residenciais são concebidos, implementados e geridos. Ao aproveitar o poder da análise avançada de dados e da automação, a Tesla está a revolucionar a forma como a energia é gerada, armazenada e consumida nas casas. A abordagem inovadora da empresa não só melhora a eficiência dos sistemas de energia solar, como também contribui para o objetivo mais amplo de criar um futuro energético mais sustentável e renovável. A utilização da visão por computador e da inteligência artificial pela Tesla no seu Telhado Solar demonstra o potencial transformador da integração destas tecnologias em soluções de energia renovável, abrindo caminho para sistemas de energia mais inteligentes e eficientes.

18 Estudo de caso 2: Parque solar comercial no Vale Central da Califórnia

O Vale Central da Califórnia, conhecido pelas suas extensas terras agrícolas e luz solar abundante, é um local ideal para projectos de energia solar em grande escala. A combinação única de vantagens geográficas e condições climáticas desta região torna-a num local ideal para o aproveitamento da energia solar. Um parque solar comercial desenvolvido por uma empresa de energias renováveis nesta área exemplifica a integração de tecnologia avançada para melhorar a produção e a eficiência energética. A implementação do projeto apresenta vários destaques tecnológicos importantes que sublinham o impacto transformador da visão por computador e da inteligência artificial na otimização dos sistemas de energia solar.
As imagens de satélite e o mapeamento aéreo constituem a base do planeamento e da execução do parque solar. O projeto começa com uma análise abrangente de imagens de satélite de alta resolução e mapeamento aéreo do local. Ao utilizar técnicas de visão por computador, a equipa de desenvolvimento pode avaliar com precisão vários atributos do local, incluindo a topografia do terreno, a exposição à luz solar e os potenciais efeitos de sombreamento causados por estruturas ou vegetação próximas. Esta análise detalhada permite a identificação de locais

óptimos para a instalação de painéis solares, assegurando que os painéis são posicionados para captar a quantidade máxima de energia solar ao longo do dia. A capacidade de visualizar e interpretar dados espaciais complexos é crucial na conceção de um parque solar que maximize o rendimento energético e minimize as ineficiências.

A modelação preditiva com aprendizagem automática representa uma abordagem sofisticada à previsão da produção de energia solar. Os algoritmos de aprendizagem automática são treinados utilizando conjuntos de dados extensos que incluem dados meteorológicos históricos, padrões de irradiância solar e métricas de desempenho de painéis solares existentes. Estes modelos preditivos analisam factores como a hora do dia, variações sazonais, condições meteorológicas e caraterísticas do painel para prever a produção futura de energia solar. À medida que o sistema recolhe dados em tempo real dos sensores instalados nos painéis solares, os algoritmos de aprendizagem automática aperfeiçoam continuamente as suas previsões. Este ajuste dinâmico permite que o parque solar antecipe as alterações na produção de energia solar e adapte as suas operações em conformidade, optimizando o desempenho e a eficiência globais.

Os algoritmos de otimização desempenham um papel fundamental no ajuste fino dos parâmetros operacionais do parque solar. Estes algoritmos determinam a orientação e o ângulo de inclinação ideais para os painéis solares, assegurando que estes são posicionados para captar a quantidade máxima de energia solar ao longo do dia. Além disso, os algoritmos de otimização são utilizados para programar as actividades de manutenção e gerir os sistemas de armazenamento de energia. Ao ter em conta a produção de energia prevista, os padrões de procura de eletricidade e os requisitos da rede, estes algoritmos ajudam a maximizar a eficiência e a rentabilidade do parque solar. A capacidade de equilibrar estes factores e tomar decisões baseadas em dados é essencial para atingir níveis elevados de produção de energia e eficiência operacional.

Os sistemas de monitorização e controlo remoto melhoram ainda mais as capacidades operacionais do parque solar. Equipados com tecnologia de monitorização avançada, os operadores podem supervisionar remotamente o desempenho de painéis solares individuais, inversores e outros componentes. Os algoritmos de visão por computador analisam os fluxos de vídeo das câmaras de vigilância para detetar anomalias, tais como avarias no equipamento, sombreamento por detritos ou vegetação e potenciais riscos de segurança. Esta capacidade de monitorização em tempo real permite a rápida identificação e resolução de problemas, minimizando o tempo de inatividade e assegurando o bom funcionamento do parque solar.

A integração da visão computorizada e da inteligência artificial nas operações do parque solar produz vários benefícios significativos. São alcançados níveis de produção de energia mais elevados em comparação com as instalações solares tradicionais, graças à precisão na colocação dos painéis e à otimização em tempo real da produção de energia. A modelação preditiva e os algoritmos de otimização asseguram que os painéis solares funcionam com a máxima eficiência em condições ambientais variáveis, conduzindo a um melhor desempenho global. Além disso, a tecnologia avançada contribui para reduzir os custos operacionais, simplificando os processos de manutenção e minimizando o tempo de inatividade do equipamento. Os algoritmos de manutenção preditiva identificam potenciais problemas antes que estes se agravem, prolongando a vida útil do equipamento e reduzindo a necessidade de reparações dispendiosas.

O impacto ambiental do parque solar também é notável. Ao gerar energia limpa a partir da luz solar, o parque solar reduz significativamente as emissões de gases com efeito de estufa e a dependência de combustíveis fósseis. Isto contribui para os objectivos de energia renovável da Califórnia e ajuda a combater as alterações climáticas, alinhando-se com objectivos ambientais mais amplos. A integração bem sucedida da visão computacional e da inteligência artificial neste parque solar comercial demonstra o potencial destas tecnologias para revolucionar a produção de energia solar. Através da utilização da análise de dados, da automação e de algoritmos avançados, os criadores de parques solares podem melhorar a eficiência, a fiabilidade e a rentabilidade dos seus projectos.

O estudo de caso do parque solar comercial no Vale Central da Califórnia ilustra como as tecnologias de ponta podem ser aproveitadas para otimizar os sistemas de energia solar. A aplicação efectiva da visão computacional e da inteligência artificial não só maximiza a produção de energia e a eficiência operacional, como também apoia a transição para um futuro de energia mais sustentável e renovável. Esta integração de tecnologia sublinha o potencial das soluções avançadas baseadas em dados para transformar o sector das energias renováveis, impulsionando a inovação e contribuindo para a sustentabilidade ambiental.

19 Estudo de caso 3: Central eléctrica solar de Noor, à escala pública, província de Ouarzazate, Marrocos

O Complexo Solar Noor, localizado na vasta extensão do Deserto do Saara, perto de Ouarzazate, Marrocos, é um testemunho do compromisso do país com as energias renováveis e o desenvolvimento sustentável. Sendo uma das maiores centrais de energia solar do mundo, o Complexo Solar Noor representa um marco significativo nos esforços de Marrocos para satisfazer a sua crescente procura de eletricidade, reduzindo simultaneamente a sua pegada de carbono. O complexo, que se estende por várias fases, integra uma gama de tecnologias solares e ferramentas analíticas avançadas para otimizar a produção de energia e a eficiência operacional. O projeto utiliza painéis solares de energia solar concentrada (CSP) e fotovoltaica (PV), desempenhando cada um deles um papel crucial no aproveitamento da abundante luz solar do deserto para gerar energia limpa.

A integração da tecnologia solar no Complexo Solar Noor exemplifica uma abordagem sofisticada à produção de energia solar em grande escala. A central utiliza diferentes tecnologias solares para maximizar a produção de energia. A tecnologia CSP, que utiliza espelhos ou lentes para concentrar a luz solar numa pequena área, aquece um fluido que acciona uma turbina para gerar eletricidade. Em contrapartida, os painéis fotovoltaicos convertem a luz solar diretamente em eletricidade utilizando materiais semicondutores. A integração destas tecnologias requer uma gestão precisa para garantir que cada sistema funciona de forma óptima. A visão por computador e a inteligência artificial são utilizadas para monitorizar e controlar eficazmente estas tecnologias. Para os sistemas CSP, os algoritmos de visão por computador ajudam a gerir o posicionamento dos helióstatos - os espelhos que focam a luz solar num recetor - assegurando que seguem o sol com precisão ao longo do dia. Do mesmo modo, para os painéis fotovoltaicos, a inteligência artificial ajusta o ângulo dos painéis solares para otimizar a captação da luz solar e melhorar a produção global de energia.

As imagens de satélite e a previsão meteorológica desempenham um papel fundamental no planeamento e nas fases operacionais do Complexo Solar Noor. As imagens de satélite de alta resolução fornecem uma visão detalhada da topografia do local e do potencial de recursos solares. Os algoritmos de visão por computador analisam estas imagens para identificar os melhores locais para a instalação de painéis solares, tendo em conta factores como os contornos do terreno e o potencial sombreamento do terreno circundante. Esta análise é fundamental para maximizar a eficiência dos painéis solares e minimizar as perdas de energia. Para além das imagens de satélite, são utilizados modelos sofisticados de previsão meteorológica para prever os níveis de irradiação solar e os padrões meteorológicos. Estas previsões permitem à central gerir proactivamente a sua produção de energia, ajustando os parâmetros operacionais com base nas condições meteorológicas previstas, optimizando assim o desempenho e reduzindo o impacto de condições meteorológicas imprevisíveis.

Os sistemas de modelação e controlo preditivos são fundamentais para a estratégia operacional do Complexo Solar Noor. Os algoritmos de aprendizagem automática são treinados utilizando extensos conjuntos de dados, incluindo dados meteorológicos históricos, padrões de irradiância solar e dados de desempenho dos sistemas solares. Estes modelos fornecem previsões da futura produção de energia solar e ajudam a otimizar o funcionamento dos sistemas CSP e PV. Por exemplo, a modelação preditiva pode prever períodos de alta ou baixa produção de energia solar, permitindo que os sistemas de controlo ajustem a orientação dos painéis solares e helióstatos em conformidade. Este ajuste dinâmico garante que os sistemas solares funcionem com a máxima eficiência, independentemente das alterações das condições ambientais. Além disso, os sistemas de controlo são concebidos para gerir outros aspectos operacionais, como o armazenamento de energia e a integração na rede, aumentando ainda mais a capacidade da central para fornecer energia fiável e consistente.

As capacidades de **monitorização e manutenção remotas** são outro aspeto crítico do Complexo Solar Noor. A central está equipada com um sistema de monitorização avançado que permite aos operadores acompanhar remotamente o desempenho dos painéis solares, inversores e outros componentes. Os algoritmos de visão por computador analisam os fluxos de vídeo das câmaras de vigilância para detetar anomalias, como sujidade nos painéis solares, avarias no equipamento ou riscos de segurança. Estas análises em tempo real permitem uma intervenção imediata para resolver os problemas antes que estes se agravem, minimizando assim o tempo de inatividade e mantendo um desempenho ótimo. Os algoritmos de manutenção preditiva complementam estas capacidades, identificando potenciais problemas com base em dados históricos e padrões operacionais. Ao antecipar as necessidades de manutenção, a fábrica pode reduzir os custos operacionais e prolongar a vida útil do seu equipamento.

A implementação de tecnologias de visão computacional e de inteligência artificial no Complexo Solar Noor conduziu a resultados impressionantes. A central alcançou elevados níveis de produção de energia, aproveitando eficazmente a intensa luz solar do deserto do Sara. Este sucesso reflecte-se na redução significativa das emissões de gases com efeito de estufa, uma vez que a energia limpa gerada pelo complexo substitui a eletricidade que, de outra forma, seria produzida a partir de combustíveis fósseis. A contribuição do projeto para os objectivos de Marrocos em matéria de energias renováveis é substancial, apoiando os esforços do país no combate às alterações climáticas e na transição para um sistema energético mais sustentável.

O Complexo Solar Noor é um exemplo da integração efectiva de tecnologias avançadas em operações de energia solar à escala de serviços públicos. Através da utilização de visão computacional, inteligência artificial e modelos preditivos sofisticados, o complexo optimizou a produção de energia solar, melhorou a eficiência operacional e reduziu o impacto ambiental. O projeto não só destaca o potencial das instalações solares em grande escala para fornecer energia limpa e fiável, mas também demonstra como a inovação tecnológica pode impulsionar o progresso no sector global das energias renováveis. Ao aproveitar o poder da análise de dados e da automação, o Complexo Solar Noor estabelece uma referência para futuros projectos solares e reforça o papel das energias renováveis na construção de um futuro sustentável.

20 DIRECÇÕES E DESAFIOS FUTUROS

As direcções futuras para a previsão da energia solar utilizando a visão computacional e a inteligência artificial incluem avanços na precisão da modelação preditiva através da integração de fontes de dados mais diversas e granulares, tais como previsões meteorológicas hiper-locais e imagens de satélite em tempo real. Além disso, o desenvolvimento de algoritmos de otimização sofisticados permitirá um melhor controlo da orientação dos painéis solares, do armazenamento de energia e da integração na rede, maximizando a eficiência e a fiabilidade. No entanto, continuam a existir desafios na abordagem da natureza dinâmica dos padrões meteorológicos, na otimização das soluções de armazenamento de energia e na garantia de escalabilidade e acessibilidade para uma adoção generalizada. A superação desses desafios exigirá colaboração interdisciplinar, investigação contínua e inovação em tecnologias de hardware e software. Em última análise, à medida que estas tecnologias evoluem, desempenharão um papel crucial na aceleração da transição para um futuro energético mais sustentável, alimentado pela energia solar.

As tecnologias e tendências emergentes no domínio da previsão e otimização da energia solar utilizando a visão por computador e a inteligência artificial estão preparadas para revolucionar o sector das energias renováveis. Uma tendência notável é a crescente integração de dispositivos e sensores da Internet das Coisas (IoT) nos sistemas de energia solar, permitindo a recolha e análise de dados em tempo real para previsões mais precisas. Além disso, os avanços na computação de ponta e nas capacidades de processamento distribuído permitem a otimização no local do desempenho do painel solar sem depender apenas de centros de dados centralizados. Além disso, o aumento dos algoritmos de inteligência artificial (IA), incluindo aprendizagem profunda e aprendizagem por reforço, promete aumentar a precisão das previsões e permitir a tomada de decisões autónomas na gestão da energia solar. Além disso, a adoção da tecnologia blockchain para transacções de energia transparentes e seguras facilita o comércio de energia peer-to-peer e incentiva a produção de energia renovável. Estas tecnologias e tendências emergentes estão a impulsionar a inovação, a eficiência e a escalabilidade na produção de energia solar, posicionando-a como uma pedra angular do futuro panorama energético [59].

Apesar dos avanços promissores, persistem vários desafios na implantação e implementação da previsão da energia solar utilizando a visão computacional e a inteligência artificial. Em primeiro lugar, é necessária uma infraestrutura de recolha de dados robusta e fiável, especialmente em regiões remotas ou mal servidas, onde a conetividade e a implantação de sensores podem ser limitadas. Garantir a precisão e a consistência dos dados constitui outro obstáculo, uma vez que factores ambientais como a cobertura de nuvens e a sombra podem introduzir variabilidade. Além disso, os elevados custos iniciais associados à implementação destas tecnologias podem dissuadir a sua adoção generalizada, especialmente em instalações de menor escala ou em economias em desenvolvimento. A integração com as infra-estruturas energéticas e os quadros regulamentares existentes também apresenta complexidades, exigindo coordenação entre as partes interessadas e ajustamentos políticos para acomodar sistemas de energia descentralizados. Além disso, garantir a cibersegurança e a privacidade dos dados gerados por estes sistemas é fundamental para proteger contra potenciais violações ou utilizações indevidas. A resposta a estes desafios exigirá esforços de colaboração entre a indústria, o governo e as instituições de investigação para fomentar a inovação, reduzir os custos e facilitar a integração perfeita das tecnologias de previsão da energia solar no ecossistema energético global [59].

Há muitas oportunidades de investigação no domínio da previsão da energia solar utilizando a visão computacional e a inteligência artificial. Em primeiro lugar, a exploração de novas abordagens à fusão de dados de diversas fontes, como imagens de satélite, previsões meteorológicas e sensores IoT, poderia aumentar a precisão e a fiabilidade da previsão. Além disso, a investigação de técnicas avançadas de aprendizagem automática, incluindo arquitecturas de aprendizagem profunda e métodos de conjunto, é promissora para extrair padrões intrincados de conjuntos de dados solares em grande escala. Além disso, existe potencial para a colaboração interdisciplinar com áreas como a meteorologia, a climatologia e a economia da energia para desenvolver modelos holísticos que considerem factores ambientais e socioeconómicos mais amplos. Além disso, a investigação sobre sistemas descentralizados de gestão de energia e plataformas de comércio peer-to-peer baseadas em cadeias de blocos poderia revolucionar a forma como a energia solar é gerada, distribuída e consumida. Por último, é imperativo dar prioridade à resolução de preocupações relacionadas com a interpretabilidade e a explicabilidade dos modelos de aprendizagem automática, a fim de cultivar a confiança e a abertura nos processos de tomada de decisões. Através da exploração destas vias de investigação, podem ser revelados novos conhecimentos, avanços e operações, o que facilitará a implementação e a influência mais alargadas das tecnologias de previsão da energia solar durante a transição para sistemas energéticos sustentáveis [60].

RESULTADOS E DISCUSSÃO

A previsão da energia solar através da visão computacional e da inteligência artificial representa um salto transformador na gestão e otimização dos sistemas de energia renovável, fazendo avançar fundamentalmente o campo da produção de energia solar. Esta abordagem integra tecnologias sofisticadas para melhorar a precisão e a eficiência da previsão da produção de energia solar, o que é crucial para otimizar a produção de energia e integrar as fontes renováveis na rede eléctrica.

No centro deste avanço tecnológico está a visão por computador, que emprega técnicas para analisar imagens de satélite e observações ao nível do solo. As imagens de satélite fornecem uma visão ampla e pormenorizada do potencial do recurso solar, captando dados críticos sobre a cobertura de nuvens, o sombreamento do terreno ou das estruturas e as condições atmosféricas. Os algoritmos de visão por computador processam estas imagens para extrair informações relevantes, como a presença e o movimento das nuvens, variações na irradiância solar e outros factores ambientais que afectam a produção de energia solar. Esta análise em tempo real permite uma compreensão abrangente das condições solares actuais e previstas, o que é essencial para uma previsão precisa.

Os dados recolhidos através da visão por computador são depois utilizados por algoritmos de aprendizagem automática para aperfeiçoar e melhorar as previsões de energia solar. Os modelos de aprendizagem automática são treinados com base em dados históricos de energia solar, condições climatéricas e variáveis ambientais. Ao aprender com padrões passados e ao incorporar observações em tempo real, estes modelos podem prever a produção futura de energia solar com elevada precisão. A natureza iterativa da aprendizagem automática permite que estes modelos melhorem continuamente as suas previsões à medida que novos dados ficam disponíveis, adaptando-se às condições em mudança e optimizando as suas previsões.

Para além da previsão, a inteligência artificial facilita estratégias de otimização que melhoram significativamente o desempenho dos sistemas de energia solar. Por exemplo, os algoritmos de aprendizagem automática podem ajustar os ângulos de inclinação dos painéis solares e a sua orientação para captar a quantidade máxima de luz solar ao longo do dia. Ao analisar os dados sobre a irradiação solar e os padrões climáticos, estes algoritmos podem determinar as definições ideais para os painéis solares e outros componentes do sistema, garantindo a maximização da produção de energia. Além disso, os modelos preditivos podem gerir soluções de armazenamento de energia, como as baterias, prevendo períodos de alta e baixa produção de energia e ajustando as estratégias de armazenamento e descarga em conformidade.

Os benefícios da integração da visão computacional e da inteligência artificial vão para além da melhoria da previsão e da otimização. A gestão proactiva dos recursos de energia solar é outra vantagem significativa. Ao fornecer previsões exactas e ajustes em tempo real, estas tecnologias ajudam a estabilizar a rede e a integrar a energia solar de forma mais eficaz na infraestrutura energética existente. Por exemplo, as previsões exactas da produção de energia solar podem ajudar os operadores da rede a equilibrar a oferta e a procura, reduzindo a dependência de fontes de energia de reserva não renováveis e melhorando a estabilidade da rede.

A comparação das abordagens tradicionais de previsão da energia solar com a abordagem proposta realça as vantagens de tirar partido das tecnologias avançadas. Os métodos tradicionais baseiam-se frequentemente em técnicas de previsão mais simples que podem não ter em conta factores ambientais complexos e dinâmicos. Estes métodos podem utilizar dados históricos básicos sem incorporar observações em tempo real ou ferramentas analíticas avançadas. Consequentemente, as abordagens tradicionais podem ter limitações em termos de precisão e adaptabilidade, conduzindo a uma gestão e otimização menos eficientes da energia. Em contrapartida, a abordagem proposta, que integra a visão por computador e a inteligência artificial, ultrapassa estas limitações ao incorporar um conjunto de dados mais abrangente e dinâmico. A utilização de imagens de satélite e a monitorização ambiental em tempo real permitem uma compreensão mais pormenorizada das condições solares. Os algoritmos de aprendizagem automática baseiam-se nestes dados para fornecer previsões precisas e adaptáveis, conduzindo a uma otimização mais eficaz dos sistemas de energia solar. Esta abordagem também permite uma gestão proactiva dos recursos energéticos, contribuindo para uma maior estabilidade da rede e para a integração das energias renováveis.

As implicações destes avanços são profundas, uma vez que representam uma pedra angular na transição para um futuro energético mais sustentável e fiável. Ao melhorar a precisão das previsões de energia solar e ao otimizar a produção de energia, estas tecnologias apoiam o crescimento das fontes de energia renováveis e a sua integração no cabaz energético global. O resultado é um sistema energético mais eficiente, estável e sustentável, capaz de satisfazer a procura crescente, reduzindo a dependência dos combustíveis fósseis.

Em resumo, a previsão da energia solar através da visão por computador e da inteligência artificial exemplifica um avanço significativo na tecnologia das energias renováveis. Ao utilizar estas técnicas avançadas, as partes interessadas podem obter previsões mais exactas, otimizar a produção de energia e gerir os recursos de energia solar de forma mais eficaz. A abordagem proposta aborda as limitações dos métodos tradicionais, abrindo caminho para um futuro energético mais eficiente e sustentável.

Tabela 2. Análise comparativa da abordagem tradicional e da abordagem proposta

Aspeto	Abordagem tradicional	Abordagem proposta
Objectivos principais	Prever a produção de energia solar com base em dados históricos e modelos simplistas.	Desenvolver modelos preditivos precisos e algoritmos de otimização utilizando técnicas de visão por computador e de inteligência artificial.
Metodologias	Análise estatística de dados meteorológicos históricos, técnicas básicas de previsão.	Integração de algoritmos de visão computacional para monitorização ambiental em tempo real, aprendizagem automática para modelação preditiva e algoritmos de otimização para maximizar a produção de energia.
Resultados esperados	Precisão limitada devido à dependência de dados históricos e modelos simplistas, produção de energia subóptima.	Maior precisão na previsão da irradiância solar, otimização da produção de energia com base em dados ambientais em tempo real, melhor rendimento energético e integração na rede.
Vantagens	Relativamente simples e fácil de implementar.	Utiliza técnicas avançadas para previsões e optimizações mais precisas, adaptáveis a alterações ambientais dinâmicas.

Desafios	Precisão limitada na previsão, incapacidade de adaptação a condições ambientais variáveis.	Integração de múltiplas tecnologias, complexidade computacional, validação e calibração de modelos.

CONCLUSÃO

Em conclusão, a nossa exploração no domínio da previsão e otimização da energia solar, particularmente através da integração da visão computacional e da inteligência artificial, sublinha o papel fundamental que estas tecnologias desempenham na definição de um futuro energético sustentável. Através de uma análise rigorosa e de estudos de casos, iluminámos o potencial transformador da utilização de técnicas de visão computacional, como a análise de imagens de satélite, juntamente com algoritmos avançados de aprendizagem automática, para melhorar as previsões de produção de energia solar em diversas instalações. Desde telhados residenciais a parques solares à escala dos serviços públicos, a fusão destas tecnologias não só melhora a eficiência energética e a fiabilidade, como também lança as bases para estratégias de controlo dinâmico e manutenção preditiva, cruciais para otimizar o desempenho do sistema e reduzir os custos operacionais. O nosso debate destacou avanços significativos, incluindo a aplicação destas tecnologias em projectos inovadores como o Solar Roof da Tesla e o Complexo Solar Noor em Marrocos, demonstrando a sua eficácia em contextos reais. Apesar de enfrentar desafios na recolha de dados, nos custos de implementação e nos quadros regulamentares, as oportunidades de investigação futura são vastas, desde técnicas de fusão de dados a soluções descentralizadas de gestão de energia. Ao enfrentar estes desafios e continuar a alargar os limites da investigação, as tecnologias de previsão da energia solar são imensamente promissoras para acelerar a transição para um panorama energético mais limpo e sustentável. Ao envolver ativamente investigadores, decisores políticos e partes interessadas da indústria numa colaboração contínua, é possível explorar plenamente as capacidades destas tecnologias, a fim de otimizar a utilização da energia solar, melhorar a estabilidade da rede e atenuar os efeitos das alterações climáticas. Em conjunto, é possível forjar o caminho para um futuro mais sustentável e luminoso, impulsionado pela energia solar.

A integração da visão computacional e da inteligência artificial nos sistemas de energia solar apresenta implicações e recomendações significativas para o desenvolvimento futuro do sector. Em primeiro lugar, ao tirar partido destas tecnologias, a indústria da energia solar pode aumentar a sua competitividade e atratividade como alternativa viável à produção de energia tradicional baseada em combustíveis fósseis. A modelação preditiva e os algoritmos de otimização podem conduzir a ganhos de eficiência, reduzir os custos operacionais e aumentar a produção global de energia, melhorando assim a viabilidade económica das instalações solares. Além disso, a adoção de sistemas avançados de monitorização e controlo permite uma manutenção proactiva, maximizando a vida útil dos painéis solares e reduzindo o tempo de inatividade. Além disso, soluções descentralizadas de gestão de energia e plataformas de comércio peer-to-peer habilitadas para blockchain são promissoras para democratizar o acesso à energia limpa e promover a independência energética entre os consumidores. As recomendações para trabalhos futuros incluem a continuação da investigação sobre técnicas de fusão de dados, algoritmos avançados de aprendizagem automática e colaboração interdisciplinar com domínios como a meteorologia, a climatologia e a economia da energia. Além disso, os esforços devem centrar-se na resolução dos desafios relacionados com a recolha de dados, os custos de implementação, os quadros regulamentares e a cibersegurança, a fim de facilitar a adoção generalizada de tecnologias de previsão da energia solar. Ao adotar estas recomendações e impulsionar a inovação no sector, a indústria da energia solar pode desempenhar um papel fundamental no avanço dos esforços globais para um futuro energético sustentável.

Referências

[1]. Mfetoum, I. M., Ngoh, S. K., Molu, R. J. J., Nde Kenfack, B. F., Onguene, R., Naoussi, S. R. D., ... & Berhanu, M. (2024). Uma abordagem de rede neural perceptron multicamada para otimizar a previsão da irradiância solar na África Central com conhecimentos meteorológicos. Scientific Reports, 14(1), 3572.

[2]. Shivashankaraiah, K., Shashibhushan, G., Prema Kirubakaran, A., Anjanappa, C., Sharma, P. K., Mayiladuthurai Vaidyanathan, I., ... & Alfarraj, S. (2024). Desenvolvimento de um aprendizado profundo e técnicas de otimização confiáveis para previsão de energia solar fotovoltaica. Componentes e sistemas de energia eléctrica, 1-15.

[3]. Sharma, P., Mishra, R. K., Bhola, P., Sharma, S., Sharma, G., & Bansal, R. C. (2024). Aprimorando e otimizando a previsão de energia solar no distrito de Dhar, na Índia, usando aprendizado de máquina. Smart Grids and Sustainable Energy, 9(1), 16.

[4]. Chaaban, A., & Alfadl, N. A Comparative Study of Machine Learning Approaches for an Accurate Predictive Modeling of Solar Energy Generation [Estudo comparativo de abordagens de aprendizagem automática para uma modelação preditiva exacta da produção de energia solar]. Najd, A Comparative Study of Machine Learning Approaches for an Accurate Predictive Modeling of Solar Energy Generation (Estudo comparativo de abordagens de aprendizagem automática para uma modelação preditiva exacta da produção de energia solar).

[5]. Hayajneh, A. M., Alasali, F., Salama, A., & Holderbaum, W. (2024). Previsões solares inteligentes: Modelos modernos de aprendizado de máquina e papel TinyML para previsões aprimoradas de rendimento de energia solar. Acesso IEEE.

[6]. Tuia, D., Schindler, K., Demir, B., Camps-Valls, G., Zhu, X. X., Kochupillai, M., ... & Schneider, R. (2023). Inteligência artificial para fazer avançar a observação da Terra: uma perspetiva. arXiv preprint arXiv:2305.08413.

[7]. Li, Q., Sisk, P., Kannan, A., Yoo, T., Luo, T., Shah, G., ... & Joshi, H. (2023). Previsão de feixe de ondas milimétricas no domínio do tempo baseada em aprendizado de máquina para 5G-Advanced e além: Projeto, análise e experimentos no ar. Jornal IEEE sobre áreas selecionadas em comunicações.

[8]. Moscalu, M., Moscalu, R., Dascălu, C. G., Ţarcă, V., Cojocaru, E., Costin, I. M., ... & Şerban, I. L. (2023). Análise de imagens histopatológicas e modelagem preditiva

implementada em patologia digital - atualidades e perspectivas. Diagnósticos, 13(14), 2379.

[9]. Waqas, A., Bui, M. M., Glassy, E. F., El Naqa, I., Borkowski, P., Borkowski, A. A., & Rasool, G. (2023). Revolucionando a patologia digital com o poder da inteligência artificial generativa e modelos de fundação. Investigação Laboratorial, 100255.

[10]. Nakrosis, A., Paulauskaite-Taraseviciene, A., Raudonis, V., Narusis, I., Gruzauskas, V., Gruzauskas, R., & Lagzdinyte-Budnike, I. (2023). Para a previsão precoce da saúde das aves de capoeira através da classificação de queda não invasiva e baseada em visão computacional. Animals, 13(19), 3041.

[11]. Ashayeri, H., Jafarizadeh, A., Yousefi, M., Farhadi, F., & Javadzadeh, A. (2024). Imagem da retina e doença de Alzheimer: um futuro alimentado pela Inteligência Artificial. Graefe's Archive for Clinical and Experimental Ophthalmology, 1-13.

[12]. Xu, D., & Ando, N. (2024). Miffi: Melhorando a precisão da filtragem de micrografia cryo-EM baseada em CNN com ajuste fino e informações de espaço de Fourier. Jornal de Biologia Estrutural, 108072.

[13]. Abubakar, M., Che, Y., Faheem, M., Bhutta, M. S., & Mudasar, A. Q. (2024). Modelagem inteligente e otimização da integração da produção da planta solar na rede inteligente usando modelos de aprendizado de máquina. Pesquisa Avançada em Energia e Sustentabilidade, 2300160.

[14]. Zafar, A., Che, Y., Faheem, M., Abubakar, M., Ali, S., & Bhutta, M. S. (2024). Previsão de parâmetros baseada em autoencoder de aprendizagem de máquina para sistemas de geração de energia solar em rede inteligente. IET Smart Grid.

[15]. Channi, H. K. (2021). Análise de viabilidade técnico-económica do sistema solar fotovoltaico em Jammu: um estudo de caso. Londres, Reino Unido: IntechOpen.

[16]. Mercier, T. M., Sabet, A., & Rahman, T. (2024). Modelos de transformadores de visão para medir a irradiância solar usando imagens do céu em climas temperados. Applied Energy, 362, 122967.

[17]. Sujeeth, T., Ramesh, C., Palwe, S., Ramu, G., Basha, S. J., Upadhyay, D., ... & Rajaram, A. Adaptive solar power generation forecasting using enhanced neural network with weather modulation. Journal of Intelligent & Fuzzy Systems, (Preprint), 1-14.

[18]. Baqir, M., & Channi, H. K. (2022). Análise e projeto de um sistema solar fotovoltaico utilizando o software Pvsyst. Materials Today: Proceedings, 48, 1332-1338.

[19]. kaur Channi, H., Gupta, S., & Dhingra, A. (2020). Otimização e simulação de um sistema híbrido solar-eólico usando HOMER para Eletrificação Rural. International Journal of Advanced Science and Technology, 29, 2108-2116.

[20]. Sehrawat, N., Vashisht, S., Singh, A., Dhiman, G., Viriyasitavat, W., & Alghamdi, N. S. (2024). Uma abordagem de previsão de energia para um veículo aéreo movido a energia solar aprimorada pela técnica de aprendizado de máquina empilhada. Computadores e Engenharia Eléctrica, 115, 109128.

[21]. Sabir, D., Hafeez, K., Batool, S., Akbar, G., Khan, L., Hafeez, G., & Ullah, Z. (2024). Previsão de energia solar fotovoltaica usando Deep Learning com síntese de sinal baseada em correlação. Acesso IEEE.

[22]. Armghan, A., Logeshwaran, J., Raja, S., Aliqab, K., Alsharari, M., & Patel, S. K. (2024). Otimização de desempenho de absorvedores solares com eficiência energética para coleta de energia térmica em ambientes industriais modernos usando um modelo de aprendizado profundo solar. Heliyon.

[23]. Singh, V., & Channi, H. K. (2023, fevereiro). Análise de Painéis Solares Flutuantes para Sistema de Irrigação por Bombeamento Solar. Na série de conferências IOP: Ciências da Terra e do Meio Ambiente (Vol. 1110, No. 1, p. 012074). IOP Publishing.

[24]. Barhmi, K., Heynen, C., Golroodbari, S., & van Sark, W. (2024, fevereiro). A Review of Solar Forecasting Techniques and the Role of Artificial Intelligence (Uma revisão das técnicas de previsão solar e o papel da inteligência artificial). Em Solar (Vol. 4, No. 1, pp. 99-135). MDPI.

[25]. Manhas, R., & Channi, H. K. (2021). Analisando a viabilidade e disponibilidade do sistema solar fotovoltaico para o sistema fotovoltaico autónomo em (J&K). Tecnologia do Estado Sólido, 64(2), 2400-2406.

[26]. Simankov, V., Buchatskiy, P., Kazak, A., Teploukhov, S., Onishchenko, S., Kuzmin, K., & Chetyrbok, P. (2024). Uma Metodologia de Avaliação de Energia Solar e Eólica Utilizando Tecnologias de Inteligência Artificial. Energias, 17(2), 416.

[27]. Kaur, H., Gupta, S., & Dhingra, A. (2023). Seleção de painéis solares utilizando a técnica entropia TOPSIS. Materials Today: Proceedings.

[28]. Pramanik, S. (2024). Função da IA no planeamento de energias renováveis do desenvolvimento sustentável. Em Materiais de próxima geração para engenharia sustentável (pp. 334-349). IGI Global.

[29]. Tercha, W., Tadjer, S. A., Chekired, F., & Canale, L. (2024). Previsão da temperatura e da irradiância solar para sistemas fotovoltaicos com base na aprendizagem automática. Energias, 17(5), 1124.

[30]. Ezeigweneme, C. A., Umoh, A. A., Ilojianya, V. I., & Adegbite, A. O. (2024). Eficiência energética nas telecomunicações: otimização da infraestrutura de rede para a sustentabilidade. Computer Science & IT Research Journal, 5(1), 26-40.

[31]. Faassen, B. V., Serrano, J., & Rosero-Montalvo, P. D. (2024). Deteção de microfraturas em células fotovoltaicas com dispositivos limitados por hardware e visão computacional. arXiv preprint arXiv: 2403.05694.

[32]. Saraswat, R., Jhanwar, D., & Gupta, M. (2024). Previsão de energia solar aprimorada usando XG Boost e análise de imagem do céu baseada em PCA. Traitement du Signal, 41(1).

[33]. Zaidi, A. (2024). Uma análise bibliométrica de técnicas de aprendizado de máquina em células fotovoltaicas e energia solar (2014-2022). Relatórios sobre Energia, 11, 2768-2779.

[34]. Allal, Z., Noura, H. N., & Chahine, K. (2024). Algoritmos de aprendizado de máquina para previsão de irradiância solar: Um estudo comparativo recente. e-Prime-Advances in Electrical Engineering, Electronics and Energy, 100453.

[35]. Nguyen, V. N., Tarełko, W., Sharma, P., El-Shafay, A. S., Chen, W. H., Nguyen, P. Q. P., ... & Hoang, A. T. (2024). Potencial da Inteligência Artificial Explicável no Avanço das Energias Renováveis: Challenges and Prospects. Energia e Combustíveis.

[36]. Serrano Gutierrez, J., Faasen, B. V., & Rosero-Montalvo, P. D. (2024). Deteção de microfraturas em células fotovoltaicas com dispositivos com restrições de hardware e visão computacional.

[37]. Al Hajri, N. H., Al Harthi, R. N., Pasam, G. K., & Natarajan, R. (2024). Geração de energia verde baseada em IoT e aprendizado de máquina usando fontes de energia renováveis híbridas de células de combustível solar, eólica e hidrogênio. Em E3S Web of Conferences (Vol. 472, p. 01008). EDP Ciências.

[38]. Xu, C., Yu, J., Chen, W., & Xiong, J. (2024, janeiro). Aprendizagem profunda na previsão da geração de energia fotovoltaica: Exploração e pesquisa de rede neural híbrida Cnn-lstm. In The 3rd International scientific and practical conference "Technologies in education in schools and universities" (23-26 de janeiro de 2024) Atenas, Grécia. Grupo Internacional de Ciência. 2024. 363 p. (p. 295).

[39]. Adewumi, A., Okoli, C. E., Usman, F. O., Olu-lawal, K. A., & Soyombo, O. T. (2024). Revendo o impacto da IA na eficiência e gestão de energia renovável. Revista Internacional de Arquivo de Ciência e Investigação, 11(1), 1518-1527.

[40]. Al Smadi, T., Handam, A., Gaeid, K. S., Al-Smadi, A., & Al-Husban, Y. (2024). Controlo inteligente artificial do sistema fotovoltaico de gestão de energia. Resultados em Controlo e Otimização, 14, 100343.

[41]. Che, Z., Amirthasaravanan, A., Al-Razgan, M., Awwad, E. M., Mohamed, M. Y. N., & Tyagi, V. B. (2024). Uma nova previsão de geração de energia renovável por meio de uma rede de aprendizado profundo dilatado de conjunto assistido por orcas artificiais aprimoradas. Acesso IEEE.

[42]. Che, Z., Amirthasaravanan, A., Al-Razgan, M., Awwad, E. M., Mohamed, M. Y. N., & Tyagi, V. B. (2024). Uma nova previsão de geração de energia renovável por meio de uma rede de aprendizado profundo dilatado de conjunto assistido por orcas artificiais aprimoradas. Acesso IEEE.

[43]. Bhattacharjee, J., & Roy, S. (2024). Revisão sobre recursos verdes e IA para energia solar biogénica. Armazenamento e Conversão de Energia, 2(1).

[44]. Sahin, E. (2024). A Data-Driven Approach for Localization and Power Generation Estimation of Invisible Solar Resources (Dissertação de mestrado, The George Washington University).

[45]. Hassan, M., & Beshr, E. (2024). Previsão do índice de cone do solo e avaliação da adequação para o desenvolvimento de parques eólicos e solares utilizando técnicas de aprendizagem automática. Scientific Reports, 14(1), 2924.

[46]. Giroh, H., Kumar, V., & Singh, G. (2024). To Analyse the Impact of Integration of Wind and Solar Power Generation System for Uttarakhand, Haryana and Rajasthan: A Scope of Machine Learning. Em Modern Approaches in Machine Learning and Cognitive Science: A Walkthrough: Volume 4 (pp. 281-292). Cham: Springer International Publishing.

[47]. Haque, A., & Malik, A. (2024). Aprendizado de máquina em sistemas de energia renovável para cidades inteligentes. Em Smart Cities: Power Electronics, Renewable Energy, and Internet of Things (pp. 287-314). CRC Press.

[48]. Venkateswaran, D., & Cho, Y. (2024). Previsão eficiente da geração de energia solar para estufas: Uma abordagem híbrida de aprendizagem profunda. Alexandria Engineering Journal, 91, 222-236.

[49]. Soleymani, S., & Talebi, A. (2024). Previsão da Irradiância Solar com Considerações Geográficas: Integrating Feature Selection and Learning Algorithms. Jornal Asiático de Ciências Sociais, 8, 5.

[50]. Hemavathi, B., Vidya, G., Anantharaju, K. S., & Pai, R. K. (2024). Aprendizado de máquina na era da automação inteligente para materiais de energia renovável. e-Prime-Advances in Electrical Engineering, Electronics and Energy, 100458.

[51]. Alazemi, T., Darwish, M., & Radi, M. (2024). Integração de fontes de energia renováveis através de modelação de aprendizagem automática: Uma revisão sistemática da literatura. Heliyon.

[52]. Chander, B., & Gopalakrishnan, K. (2024). Integração de Técnicas de Inteligência Artificial para Gestão de Energia. Sustainable Management of Electronic Waste, 1-46.

[53]. Zhao, S., Wang, J., Guo, Z., Luo, H., Lu, L., Tian, Y., ... & Li, C. (2024). Explorando a física do dispositivo da célula solar de perovskita por meio de aprendizado de máquina com amostras limitadas. Journal of Energy Chemistry.

[54]. Gochhait, S., Sharma, D. K., Singh Rathore, R., & Jhaveri, R. H. (2024). Previsão de carga com modelo híbrido de aprendizado profundo para gerenciamento eficiente do sistema de energia. Avanços Recentes em Ciência da Computação e Comunicações (Anteriormente: Patentes Recentes em Ciência da Computação), 17(1), 38-51.

[55]. Narayanan, S., Kumar, R., Ramadass, S., & Ramasamy, J. (2024). Modelo de previsão híbrido integrando RNN-LSTM para produção de energia renovável. Electric Power Components and Systems, 1-19.

[56]. Ikemba, S., Song-hyun, K., Scott, T. O., Ewim, D. R., Abolarin, S. M., & Fawole, A. A. (2024). Análise dos potenciais de energia solar de cinco cidades selecionadas do sudeste da nigéria utilizando algoritmos de aprendizagem profunda. Investigação sobre energia sustentável, 11(1), 2.

[57]. Zaidi, A. (2024). Utilização de Algoritmos de Aprendizagem Profunda (DL) e Redes Neurais (NN) para Geração de Energia: Uma rede social e análise bibliométrica (2004-2022). Revista Internacional de Economia e Política Energética, 14(1), 172.

[58]. Özdemir, M. H., Aylak, B. L., İnce, M., & Oral, O. (2024). Previsão da geração mundial de eletricidade por fontes usando diferentes algoritmos de aprendizado de máquina. Jornal Internacional de Tecnologia de Petróleo, Gás e Carvão, 35(1), 98-115.

[59]. Yu, X., & Zhou, Y. (2024). Aprendizagem de máquina e fontes de energia renováveis distribuídas por inteligência artificial: tecnologias, perspectivas e desafios. Avanços na

Digitalização e Aprendizagem de Máquina para Sistemas Integrados de Energia de Edifícios-Transporte, 17-30.

[60]. Alaba, F. A., Sani, U., Dada, E. G., & Mohammed, B. H. (2024). Redes inteligentes habilitadas para AIoT: Avanço da eficiência energética e integração de energias renováveis. Em Inteligência Artificial das Coisas para Alcançar os Objectivos de Desenvolvimento Sustentável (pp. 59-79). Cham: Springer Nature Switzerland.

[61]. Frank, E., & Gen, D. (2024). Aproveitamento da Inteligência Artificial para a Modernização da Rede: Opportunities and Challenges.

[62]. Savarimuthu, L. J., Victor, K., Davaraj, P., Pushpanathan, G., Kandasamy, R., Pushpanathan, R., ... & Sivakumar, V. Solar Energy Prediction Based on Intelligent Predictive Controller Algorithm.

[63]. Reddy, P. S., Ghodke, P. K., Reddi, K., & Akiti, N. (2024). Desenvolvimentos recentes de inteligência artificial para energia renovável: Accelerated Material and Process Design. Soluções de energia sustentável com inteligência artificial, tecnologia Blockchain e Internet das coisas, 1-33.

Printed by Books on Demand GmbH, Norderstedt / Germany